시험, 생활, 교양 상식으로 나눠서 배우는

물리·화학 대백과 사전

시험, 생활, 교양 상식으로 나눠서 배우는

물리화학대백과사전

초판 인쇄 | 2023년 8월 16일
초판 발행 | 2023년 8월 23일

지은이 | 사와 노부유키
옮긴이 | 장희건
발행인 | 김태웅
기획편집 | 이미순
표지 디자인 | nu:n
본문 일러스트 | 오오노 후미아키
조판 | 김현미
마케팅 총괄 | 나재승
마케팅 | 서재욱, 오승수
온라인 마케팅 | 김철영, 김도연
인터넷 관리 | 김상규
제   작 | 현대순
총   무 | 윤선미, 안서현, 지이슬
관   리 | 김훈희, 이국희, 김승훈, 최국호

발행처 | (주)동양북스
등   록 | 제 2014-000055호
주   소 | 서울시 마포구 동교로22길 14 (04030)
구입 문의 | 전화 (02)337-1737 팩스 (02)334-6624
내용 문의 | 전화 (02)337-1762 dybooks2@gmail.com

ISBN 979-11-5768-950-7 03420

物理·化学大百科事典
(Butsuri·Kagaku Daihyakkajiten : 6482-3)
© 2021 Nobuyuki Sawa
Original Japanese edition published by SHOEISHA Co.,Ltd.
Korean translation rights arranged with SHOEISHA Co.,Ltd. through Botong Agency.
Korean translation copyright © 2023 by DONGYANGBOOKS, INC.

▶ 잘못된 책은 구입처에서 교환해드립니다.

▶ 도서출판 동양북스에서는 소중한 원고, 새로운 기획을 기다리고 있습니다.

   http://www.dongyangbooks.com

시험, 생활, 교양 상식으로 나눠서 배우는

물리·화학 대백과 사전

사와 노부유키 지음 **장희건** 옮김

📖 **동양북스** **SE** SHOEISHA

우리가 사는 사회는 물리나 화학 지식으로 지탱되고 있음

"왜, 시험 공부를 해야 하는가?"라고 생각한 적 있는 사람이 많을 것입니다. 군이 답을 한다면 시험을 치러서 대학교나 대학원에 진학을 하기 때문이라고 말할 수 있습니다. 시험을 치르려면 다양한 과목을 공부해야 합니다. 그중에는 어려운 과목도 많습니다. 특히 물리와 화학은 많은 사람이 '어렵다', '잘 모르겠다'라고 느끼는 과목일 것입니다. 학생 시절을 떠올리며 '잘 모르는 채로 끝나버렸구나'라고 느끼는 분도 많을 것입니다.

시험은 학생이 생각하는 힘을 얼마나 길렀는지를 확인하는 과정입니다. 물리나 화학 문제는 생각하는 힘을 확인하는 데 가장 적합한 과목이라고 할 수 있습니다. 또한 물리나 화학을 시험 과목으로 선택(혹은 고등학교에서 물리나 화학을 배우는)한 가장 큰 이유는 물리나 화학이 일상생활에 직접적으로 도움을 줄 때가 많기 때문일 것입니다. 우리가 사는 세상은 물리나 화학 지식이 바탕이 됩니다. 물리와 화학의 발전이 없었다면 오늘날의 편리한 생활은 실현되지 못했을 것입니다. 우리가 의식하든 의식하지 않든, 물리와 화학의 도움을 받는 것입니다.

업무상 물리, 화학 지식을 직접 필요로 하는 분에게는 더 말할 필요도 없을 것 같습니다. 매일 물리나 화학 지식의 필요성을 느끼고 있을 것입니다. 그렇다고 물리나 화학 교과서의 처음부터 끝까지를 꼼꼼히 복습할 시간을 낼 직장인은 드물다고 생각합니다. 바쁜 일상 속에서 복습할 시간을 확보할 수 없는 것이 현실일 것입니다.

이 책은 물리와 화학의 요점을 정리해 설명합니다. 특히 업무상 필요한 부분은 꼼꼼하게 설명하려고 노력했습니다. 이 책을 활용하면 교과서 등으로 복습하는 것보다 효율적으로 학교에서 배운 물리, 화학의 내용을 기억할 수 있습니다. 또한 학생 때 잘 이해하지 못했던 특히 어려운 내용을 다시 한 번 복습하면서 이해도를 높일 수 있습니다. 물리나 화학을 모호하게 이해한 상태로 두는 것보다 확실히 이해하는 것이 업무에 도움이 될 것입니다. 그래서 이 책은 물리나 화학이 구체적으로 어떤 상황에서 필요한지도 소개합니다.

한 가지 예를 들어보겠습니다. 21세기는 컴퓨터 기술의 발전이 눈부신 시대입니다. 스마트폰 하나만으로도 많은 일을 할 수 있습니다. 이는 10년 전만 해도 상상할 수 없었던 일입니다. 여기서 단순히 스마트폰의 사용법을 아는 것뿐만 아니라, 스마트폰이 어떤 메커니즘으로 동작하는지를 알 수 있다면, 더 유용하게 사용할 수 있을 것입니다. 혹은 큰 비즈니스 기회를 얻을 수 있을지도 모릅니다. 이때 물리나 화학 지식은 기본이 됩니다.

물론 이 책은 물리나 화학 지식이 직접 필요하지 않은 분에게도 도움이 될 것입니다. 오히려 이 책을 읽은 후 지금까지는 몰랐던 곳에서 물리나 화학의 혜택을 누리거나 활용한다는 사실을 알 수 있을 것입니다. 또한 물리나 화학 시험을 앞둔 분에게도 도움이 될 수 있도록, 시험에서 특히 중요한 부분을 정리해 설명하는 것도 잊지 않았습니다.

이 책은 많은 사람이 읽을 수 있도록 물리와 화학의 폭넓은 지식을 담았습니다. 이 책 한 권으로 물리와 화학을 종합적으로 이해할 수 있기를 바랍니다. 그리고 올바른 지식을 쌓아 새로운 발견의 씨앗으로 삼으면 좋겠습니다.

2021년 9월
사와 노부유키

이 책의 콘셉트가 참 좋아서 번역을 지원했던 때부터 오랜 시간이 걸려 드디어 책을 출간할 수 있게 되었습니다. 이 책은 잊혔던 물리와 화학의 중요한 부분을 일깨워 주고, 필요할 때마다 뽑아서 볼 수 있다는 점에서 참으로 가치가 큰 것 같습니다. 개인적으로도 물리와 화학을 다시 일깨우는 데도 큰 역할을 했습니다.

출간에 도움을 준 동양북스 관계자 여러분께 감사드리며 많은 독자분이 이 책과 함께 물리와 화학의 재미에 빠졌으면 합니다.

2023년 8월
장희건

이 책의 특징과 활용 방법

물리·화학이란 무엇인가?

이 책의 목적은 '물리와 화학을 활용할 수 있게 되는 것'입니다.

우리가 사는 세상의 수수께끼를 풀려는 학문이 물리와 화학입니다. 물리나 화학은 때로는 끝없이 먼 우주가 어떻게 되었는지를 생각하기도 하고, 눈에 보이지 않는 작은 세계를 탐구하기도 합니다. 거시적인 것부터 미시적인 것까지 신비함을 풀어나가려는 자세를 일관되게 유지합니다.

물리학의 기본은 역학입니다. 이를 바탕으로 열역학, 파동, 전자기학, 양자역학을 생각합니다. 역학은 말 그대로 '힘'을 생각하는 학문입니다. 힘이란 무엇인지, 힘에는 어떤 종류가 있고 어떤 특징의 차이가 있는지, 힘이 물체에 어떤 영향을 미치는지 등을 공부하는 학문입니다. 이런 내용을 고등학교 물리학에서 꼼꼼히 배웁니다.

우리는 힘 없이 살 수 없습니다. 물건을 들고, 밀고, 운반하는 것도 힘이 없으면 불가능합니다. 걸을 때도 마찰이 없는 곳에서는 앞으로 나아갈 수 없습니다. 마찰력이라는 힘 덕분에 앞으로 나아가는 것입니다. 연필을 잡을 때도 마찰이 없으면 잡을 수 없습니다. 이는 하나의 예지만, 힘이 있기에 우리가 살아갈 수 있고, 모든 것이 힘으로 지탱된다고 해도 과언이 아닙니다.

반면 화학은 주변의 모든 물질이 어떤 성분으로 이루어져 있는지를 배우는 학문입니다. 성분이란 결국 물질을 구성하는 원자나 분자 등 미세한 입자를 말합니다. 그 성질을 이해해야만 물질이 갖는 특징이 어떻게 만들어지는지 이해할 수 있습니다. 그리고 그 특성을 변화시키는 데도 연결할 수 있습니다.

그런 의미에서 기초가 되는 것은 이론 화학입니다. 물질이 갖는 특징이 어떻게 생겨나는지에 관한 이론을 탐구하는 것이죠. 고등학교 화학에서는 이론 화학을 가장 먼저 배웁니다. 그리고 무기 화학, 유기 화학, 고분자 화학 등 구체적인 물질이 많이 등장하는 분야를 배웁니다. 이러한 분야를 정리하고 이해하려면 먼저 이론 화학의 이해가 필수입니다.

학습할 때 주의할 점

고등학교에서 배우는 물리와 화학은 많은 고등학생이 '어렵다'고 느끼는 학문입니다. 사회인이 되어서도 그런 기억을 갖는 분도 많을 것입니다. 하지만 기초가 되는 이론은 한정되어 있습니다. 처음에는 이해하기 어려울 수도 있지만, 서두르지 않고 하나하나 차근차근 배워나가다 보면 그 다음부터는 순조롭게 학습을 진행할 수 있습니다. 이것이 물리와 화학의 특징입니다.

많은 것을 배워야 한다고 해서 첫 부분을 대충대충 넘어가면 그 이후의 내용을 흐지부지 이해하게 됩니다. 서두르지 말고 천천히 배우는 것이 고등학교 물리와 화학을 공부할 때 가장 크게 주의할 점입니다.

사회인과 수험생 모두에게 도움이 되는 내용

물리와 화학은 다양한 제품을 만드는 데 기초가 됩니다. 물리와 화학을 이해하지 못한 상태에서 더 나은 제품을 개발하려는 것은 말도 안 되는 일입니다. 우연으로 제품을 만들 수 있는 것이 아니기 때문입니다. 그런 의미에서 많은 사회인이 고등학교 물리와 화학을 복습하는 것은 유익하다고 생각합니다.

그리고 각종 자격 시험을 치르는 데도 고등학교 물리와 화학을 이해하면 도움이 될 것입니다. 수능 수험생에게 중요한 것은 두말할 필요가 없습니다.

이 책의 활용 방법

이 책의 활용 방법은 다음과 같습니다. 먼저 별(★) 표시와 요약 부분을 참고해 세부 개념이 아닌 개요를 파악하기 바랍니다.

또한 절 단위로 알고 싶은 항목만 사전처럼 찾아서 공부해도 좋지만, 가능하면 이 책 전체를 한 번 쭉 읽기 바랍니다. 물리와 화학의 큰 그림을 파악할 수 있을 것입니다.

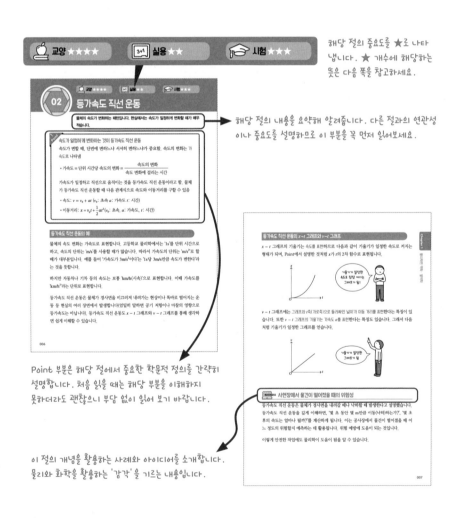

이 책에서 배우는 물리와 화학 개념은 '교양', '실용', '시험'이라는 항목으로 나눈 후 항목별 중요도를 ★ 개수로 나타냅니다. 항목별 ★ 개수가 나타내는 뜻은 다음과 같습니다.

🍎 '교양'의 대상 독자

제조 업체에 근무하는 관리자, 고등학교에서 문과를 선택해 물리와 화학을 충분히 배우지 못했지만 최소한의 지식을 배우고 싶은 분이 대상입니다.

★★★★★ → 매우 중요한 항목입니다. 꼭 이해해야 합니다.
★★★★ → 중요한 항목입니다. 한 번쯤은 이해하기 바랍니다.
★★★ → 세부적인 내용을 이해할 필요는 없지만 개념은 이해해야 합니다.
★★ → 여유가 있다면 단어의 개념을 이해하기 바랍니다.
★ → 교양 수준에서는 불필요한 지식입니다.

3+1 '실용'의 대상 독자

전기, 정보, 기계, 건축, 화학, 생물, 화학, 약학 등 기업에서 제품 개발, 설계 등을 담당하고 있는 분, 실제로 물건을 만드는 일을 하는 분이 대상입니다.

★★★★★ → 업무에서 필수로 사용합니다. 꼭 이해해야 합니다.
★★★★ → 업무에서 자주 사용합니다. 한 번쯤은 이해하기 바랍니다.
★★★ → 업무상 사용할 일이 있습니다. 개념은 이해해야 합니다.
★★ → 업무에서는 잘 사용하지 않을 수도 있습니다.
★ → 업무상으로는 거의 필요 없을 때가 대부분입니다.

🎓 '시험'의 대상 독자

자격 시험이나 수능 등에서 물리와 화학이 필요한 수험생이 대상입니다.

★★★★★ → 반드시 이해해야 합니다.
★★★★ → 출제 빈도가 높은 항목이므로, 한 번쯤은 이해하기 바랍니다.
★★★ → 세부적인 내용을 이해할 필요는 없지만 개념은 이해해야 합니다.
★★ → 시험에 자주 출제되지는 않지만, 시간적 여유가 있다면 이해하기 바랍니다.
★ → 시험에서는 불필요한 지식입니다.

Contents

Contents

Chapter

02 **물리편 - 파동** •••••••••••••••••••••• **059**

Introduction
소리와 빛도 파동의 일부 **060**

Contents

Contents

Contents

Chapter

06 화학편 – 무기 화학 •••••••••••••••••••• **219**

Introduction

Contents

Chapter

07 화학편 – 유기 화학 •••••••••••••••••• 253

Contents

01

물리학편
역학 · 열역학

Introduction

물리학의 기본이 되는 역학

물리학의 기본은 무엇보다도 역학입니다. 역학의 개념이 물리학 전체에 통용됩니다. 따라서 고등학교 물리학에서는 역학을 먼저 배웁니다. 이 책에서도 역학의 중요 사항을 정리하는 것으로 시작합니다.

역학에서 배우는 내용 대부분은 17세기에 활동한 영국의 물리학자이자 수학자인 아이작 뉴턴이 구축한 것입니다. 뉴턴은 18세에 케임브리지 대학에 입학해, 뛰어난 재능을 바탕으로 많은 것을 배웠습니다. 그런데 그 무렵 런던에서 케임브리지까지 페스트가 창궐했습니다. 페스트는 치사율이 매우 높은 전염병으로, 케임브리지 대학도 2년 동안 문을 닫았다고 합니다. 최근에 코로나19 때문에 학교가 문을 닫았던 상황과 비슷하죠? 이런 일은 과거에도 여러 번 있었던 것입니다.

그 기간 동안 뉴턴은 고향으로 돌아가 혼자서 물리와 수학 연구를 계속했습니다. 사실 물리학이나 수학에 관한 수많은 발견이 대학에서 연구할 때가 아닌 이 시기에 이뤄졌다고 합니다. 외로움 속에서 깊은 사색을 지속할 수 있는 인내심이 있었기에 가능한 성과였을 것입니다. 인류는 전염병이 발생하더라도 열심히 학문을 발전시켜 왔습니다. 그래서 오늘날이 있는 것이기도 합니다.

서론이 좀 길었습니다. 이 장에서는 역학과 열역학을 잘 이해하기 바랍니다. 열에 관한 학문을 '열역학'이라고 하는 이유는 사고방식에 역학이 필요하기 때문입니다. 역학을 잘 알지 못하면 열역학을 잘 이해하기가 어렵습니다.

🍎 교양 독자가 알아 둘 점

운동 방정식을 출발점으로 삼아 일과 역학 에너지의 관계, 운동량과 힘의 곱의 관계를 생각해 볼 수 있습니다. 역학을 이해하면 원운동이나 단순조화 운동과 같은 복잡한 운동도 이해할 수 있습니다. 나아가 천체의 운동과 같이 넓은 세계도 생각할 수 있습니다. 제한된 원리를 바탕으로 모든 현상을 생각할 수 있는 역학의 재미를 느껴보세요.

3+1 업무에 활용하는 독자가 알아 둘 점

역학은 기계 설계 등에 꼭 필요한 학문입니다. 건설 현장에서도 빼놓을 수 없는 분야입니다.

🎓 수험생이 알아 둘 점

물리학의 기본은 역학입니다. 시험에서도 배점이 높습니다. 또한 역학을 이해하지 못하면 이후 분야를 이해하기도 어렵습니다.

즉, 수험생이라면 역학을 가장 먼저 배워야 합니다. 무엇보다 기본이 중요한 분야이기 때문에 하나하나 차근차근 배워나가면 좋습니다. 반드시 마스터하세요.

01 등속 직선 운동

물체의 운동을 다룰 때의 기본 개념입니다. 운동할 때의 모습을 상상할 수 있는 능력을 기르도록 합니다.

---

1. Point

등속 직선 운동은 가장 단순한 운동 방식

물체의 움직임은 속도로 표현됨

• 속도 = 운동의 방향과 속도를 합한 양

일정한 속도로 계속 움직이는 것을 등속 직선 운동이라고 함. '속도가 일정하다'는 같은 방향과 같은 속도로 계속 움직인다는 뜻임

물체가 등속 직선 운동을 할 때, 다음과 같은 관계식을 사용할 수 있음

$$이동거리\ x = 속도\ v \times 시간\ t$$

물체의 운동은 그래프로 표현하면 편리함

물체의 운동 방식에는 몇 가지 패턴이 등장합니다. 첫 번째는 가장 단순한 등속 직선 운동입니다.

물체의 운동을 수식만으로 생각하면 이해하기 어렵습니다. 또한 운동에 대한 이미지를 갖기 어렵습니다. 이때 도움이 되는 것이 바로 그래프입니다.

물체의 운동을 나타내는 그래프에는 몇 가지 종류가 있습니다. 여기서는 그중에서 기본이 되는 $x - t$ 그래프와 $v - t$ 그래프를 설명합니다.

등속 직선 운동의 $x - t$ 그래프와 $v - t$ 그래프의 관계

$x - t$ 그래프는 시간 t에 따라 물체의 위치 x가 어떻게 변하는지 나타냅니다.

등속 직선 운동의 경우 시간 t가 지날수록 위치가 일정한 속도로 변하기 때문에 다음과 같은 형태가 됩니다.

반면 $v - t$ 그래프는 시간 t에 따라 물체의 속도 v가 어떻게 변하는지를 나타냅니다. 등속 직선 운동의 경우 시간 t가 지나도 속도 v는 일정하므로 다음과 같은 형태가 됩니다.

여기서 중요한 점은 두 그래프의 관계입니다. 먼저 $x - t$ 그래프의 기울기는 속도를 나타내는 관계입니다. 등속 직선 운동에서 $x - t$ 그래프의 기울기는 일정합니다. 이는 속도 v가 일정하다는 뜻입니다.

또한 $v - t$ 그래프와 t축(가로축)으로 둘러싸인 부분의 넓이는 이동거리를 나타낸다는 관계도 성립합니다. 등속 직선 운동에서 해당 넓이는 시각 T에 비례합니다. 즉, 이동거리가 시각 T에 비례하면서 증가하고 있다는 뜻입니다.

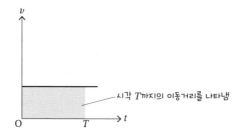

이 관계는 앞으로 더 복잡한 운동을 생각할 때 매우 유용합니다.

02 등가속도 직선 운동

물체의 속도가 변화하는 패턴입니다. 현실에서는 속도가 일정하게 변화할 때가 매우 적습니다.

> ## Point 속도가 일정하게 변화하는 것이 등가속도 직선 운동
>
> 속도가 변할 때, 단번에 변하느냐 서서히 변하느냐가 중요함. 속도의 변화는 가속도로 나타냄
>
> - 가속도 = 단위 시간당 속도의 변화 = $\dfrac{\text{속도의 변화}}{\text{속도 변화에 걸리는 시간}}$
>
> 가속도가 일정하고 직선으로 움직이는 것을 등가속도 직선 운동이라고 함. 물체가 등가속도 직선 운동할 때 다음 관계식으로 속도와 이동거리를 구할 수 있음
>
> - 속도: $v = v_0 + at$ (v_0: 초속 a: 가속도 t: 시간)
> - 이동거리: $x = v_0 t + \dfrac{1}{2}at^2$ (v_0: 초속, a: 가속도, t: 시간)

등가속도 직선 운동의 예

물체의 속도 변화는 가속도로 표현합니다. 고등학교 물리학에서는 '1s'를 단위 시간으로 하고, 속도의 단위는 'm/s'를 사용할 때가 많습니다. 따라서 가속도의 단위는 'm/s²'로 할 때가 대부분입니다. 예를 들어 '가속도가 3m/s²이다'는 '1s당 3m/s만큼 속도가 변한다'라는 것을 뜻합니다.

하지만 자동차나 기차 등의 속도는 보통 'km/h(시속)'으로 표현합니다. 이때 가속도를 'km/h²'라는 단위로 표현합니다.

등가속도 직선 운동은 물체가 경사면을 미끄러져 내려가는 현상이나 똑바로 떨어지는 운동 등 현실의 여러 장면에서 발생합니다(엄밀히 말하면 공기 저항이나 마찰의 영향으로 등가속도는 아닙니다). 등가속도 직선 운동도 $x - t$ 그래프와 $v - t$ 그래프를 통해 생각하면 쉽게 이해할 수 있습니다.

등가속도 직선 운동의 x–t 그래프와 v–t 그래프

x – t 그래프의 기울기는 속도를 표현하므로 다음과 같이 기울기가 일정한 속도로 커지는 형태가 되며, Point에서 설명한 것처럼 x가 t의 2차 함수로 표현됩니다.

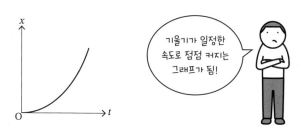

v – t 그래프에는 그래프와 t축(가로축)으로 둘러싸인 넓이가 이동 거리를 표현한다는 특징이 있습니다. 또한 v – t 그래프의 기울기는 가속도 a를 표현한다는 특징도 있습니다. 그래서 다음처럼 기울기가 일정한 그래프를 얻습니다.

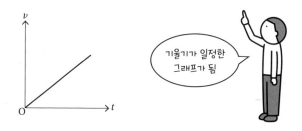

BUSINESS 공사 현장에서 물건이 떨어졌을 때의 위험성

등가속도 직선 운동은 물체가 경사면을 내려갈 때나 낙하할 때 발생한다고 설명했습니다. 등가속도 직선 운동을 깊게 이해하면, '몇 초 동안 몇 m만큼 이동(낙하)하는가?', '몇 초 후의 속도는 얼마나 될까?'를 계산하게 됩니다. 이는 공사 현장에서 물건이 떨어졌을 때 어느 정도의 위험할지 예측하는 데 활용됩니다. 위험 예방에 도움이 되는 것입니다.

이렇게 안전한 작업에도 물리학이 도움이 됨을 알 수 있습니다.

03 포물선 운동

물체가 지면에 닿지 않고 운동할 때는 중력의 영향을 받습니다. 이때 물체는 포물선 운동을 합니다.

---

1. Point

포물선 운동은 수직 방향과 수평 방향으로 나눠 생각함

물체에 중력이 작용하는 방향을 수직 방향, 그에 직교하는 방향을 수평 방향이라고 함

물체가 중력을 받아 운동할 때, 이 두 방향으로 나누면 운동의 모습을 쉽게 이해함

- 수직 방향의 운동 = 등가속도 직선 운동. 가속도는 중력 가속도 $g ≒ 9.8m/s^2$임
- 수평 방향의 운동 = 등속 직선 운동

이때 중요한 점은 물체의 초속도 '수직 방향'과 '수평 방향'으로 나눈다는 점임

포물선 운동은 여러 곳에서 발생

캐치볼할 때는 어떤 방향으로 얼마나 빠른 속도로 공을 던졌을 때 상대방의 위치까지 정확히 도달할지 생각합니다. 쓰레기통에 쓰레기를 던질 때 등도 마찬가지입니다. 이때 물체는 포물선을 그리며 운동하므로 '포물선 운동'이라고 합니다.

예를 들어 포물선 운동은 배팅 센터에 있는 배팅 머신을 만들 때 이해할 필요가 있습니다. 배팅 머신은 다양한 속도로 공을 발사할 수 있습니다. 그런데 속도가 바뀔 때마다 발사하는 방향을 조정하지 않으면 타자에게 공이 닿지 않기 때문입니다.

포물선을 그리는 운동은 복잡해 보일 것입니다. 하지만 '수직 방향'과 '수평 방향'으로 나눠서 생각하면 어렵지 않습니다.

수직 방향의 운동

수직 방향에는 중력의 영향으로 가속도가 생깁니다. 이를 중력 가속도라고 하며, 보통 'g(gravity의 앞글자)'로 표현합니다.

중력 가속도는 지구상의 위치에 따라 조금씩 다릅니다. 보통 북극이나 남극에 가까울수록 빠르고, 적도에 가까울수록 느립니다. 이는 적도 부근에서는 원심력이 강하게 작용하기 때문입니다.

하지만 그 차이는 매우 작습니다. 예를 들어 남극의 세종 기지에서는 9.82524m/s^2, 적도에 가까운 싱가포르에서는 9.78066m/s^2 정도입니다. 즉, 지구 어느 곳에서나 중력 가속도의 값은 대략 9.8m/s^2인 것입니다.

수직 방향의 운동은 02에서 배운 공식의 가속도를 중력 가속도 g로 바꾼 공식을 사용합니다.

- 속도: $v = v_0 + gt$ (v_0: 초속, g: 중력 가속도, t: 시각)
- 자유 낙하한 거리: $y = v_0 t + \dfrac{1}{2}gt^2$ (v_0: 초속, g: 중력 가속도, t: 시각)

수평 방향의 운동

수평 방향에는 중력이 작용하지 않습니다. 따라서 중력의 영향을 받는 가속도가 나타나지 않습니다.

하지만 현실에서는 공기 저항 등의 힘이 작용합니다. 따라서 수평 방향에도 가속도가 발생해야 정상입니다. 그런데 공기 저항이 없는 (또는 무시할 수 있을 정도로 작은) 상황을 생각해 보면 수평 방향에는 가속도가 발생하지 않습니다. 즉, 물체는 수평 방향으로 등속 직선 운동을 하는 것입니다. 따라서 수평 방향의 운동은 01에서 배웠던 다음 공식을 사용합니다.

- 이동 거리: $x = $ 속도 $v \times$ 시간 t

이처럼 운동을 두 방향으로 나눠 생각하는 것이 포물선 운동의 핵심입니다.

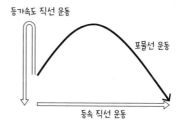

등가속도 직선 운동

포물선 운동

등속 직선 운동

04 힘의 균형

물체에 여러 힘이 작용하는데, 그 힘들이 서로 균형을 이루는 상황이 종종 있습니다. 이때 정지해 있는 물체는 정지 상태를 유지합니다.

Point 힘의 균형도 수직 방향과 수평 방향으로 나눠 생각함

물체에 작용하는 힘은 다음 그림처럼 합성해 생각할 수 있음

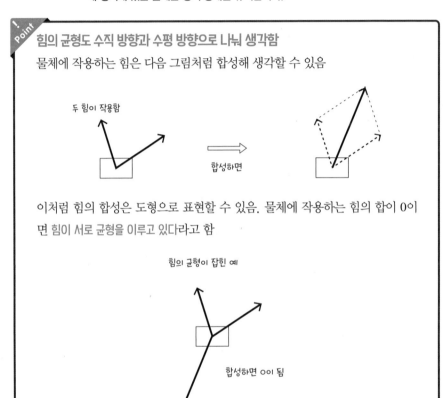

두 힘이 작용함

합성하면

이처럼 힘의 합성은 도형으로 표현할 수 있음. 물체에 작용하는 힘의 합이 0이면 힘이 서로 균형을 이루고 있다라고 함

힘의 균형이 잡힌 예

합성하면 0이 됨

힘의 균형을 활용해 무거운 물건을 쉽게 드는 이유

모든 물체에는 항상 어떤 힘이 작용합니다. 지구에서라면 적어도 중력이 작용합니다. 그럼 모든 물체가 다 떨어져야 하는데, 그렇게 되지 않는 이유는 땅이나 바닥이 지탱하는 힘이나 밧줄 등이 잡아당기는 힘이 작용하기 때문입니다. 만약 물체가 정지해 있다면, 그 물체에 작용하는 힘은 서로 균형을 이루고 있을 것입니다.

BUSINESS 크레인의 원리

공사 현장에서는 매우 무거운 물건을 높은 곳으로 들어올려야 할 때가 있습니다. 이럴 때 활약하는 것이 바로 크레인입니다. 크레인은 와이어 하나를 이용해 무거운 물건을 끌어 당깁니다.

하지만 그대로 잡아당기면 와이어에 큰 부담을 줍니다. 그래서 다음처럼 도르래 여러 개를 사용합니다.

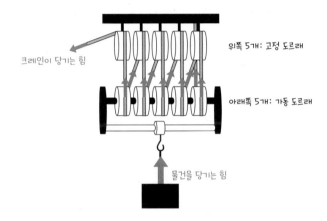

와이어 하나를 여러 개의 도르래에 차례로 감습니다. 도르래 각각은 짐을 잡아당기는 후크와 연결되었으므로 와이어의 힘이 몇 배로 커지는 구조입니다. 앞 그림은 크레인이 와이어를 잡아당기는 힘이 10배가 되어 짐을 들어 올릴 수 있습니다. 이처럼 힘의 합성은 모든 곳에서 활용됩니다.

참고로 '힘의 합성'과 혼동하기 쉬운 관계로 '작용과 반작용의 법칙'이 있습니다. 어떤 물체 A에서 다른 물체 B에 작용하는 힘을 '작용'이라고 할 때, B에서 A에 작용하는 힘을 '반작용'이라고 합니다. 이때 'A에서 B에는 힘이 작용하지만, B에서 A에는 힘이 작용하지 않는 일'은 결코 없습니다. 이를 작용–반작용의 법칙이라고 합니다.

물체 하나에 작용하는 힘의 관계가 힘의 평형이라면, 두 물체 사이에서 성립하는 것이 작용–반작용의 법칙입니다. 물체의 숫자를 기억하면 두 가지 개념의 차이를 쉽게 구분할 수 있습니다.

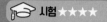
05 수압과 부력

물 속에서는 대기에서 받는 압력보다 더 큰 압력을 받습니다. 이는 물에 가라앉은 물체를 띄우려는 힘을 발생시키는 원인이 됩니다.

Point 수압의 변화가 부력을 만듦

수압

물속에 가라앉은 물체에는 다음과 같은 크기의 압력이 작용함

- 수압: $p = p_0 + \rho g h$ (p_0: 대기압, ρ: 물의 밀도, g: 중력 가속도, h: 수심)

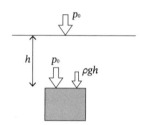

부력

수압은 같은 깊이라면 모든 방향으로 고르게 작용함. 따라서 물속에 가라앉은 물체의 윗면과 아랫면이 받는 힘에는 차이가 생김. 이 차이가 물체를 띄우려는 부력이 됨

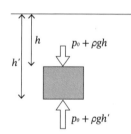

물속에 가라앉은 물체가 받는 힘은 다음처럼 구함

- 위면에서 받는 힘: $f = (p_0 + \rho g h)S$ (S: 가라앉은 물체의 단면적)
- 아랫면에서 받는 힘: $f' = (p_0 + \rho g h')S$

따라서 부력은 다음처럼 구함

- 부력: $f' - f = \rho g(h' - h)S = \rho V g$ (V: 가라앉은 물체의 부피)

압력이 2배가 되는 수심

물속 깊은 곳으로 가라앉을수록 물의 무게가 무거워지므로 수압이 커집니다.

대기압 p_0의 크기는 대략 100,000Pa(파스칼: 압력의 단위)입니다. 물의 밀도 ρ를 약 1,000kg/m^3, 중력 가속도 g를 약 10m/s^{2}로 근사(실제 약 9.8m/s^2)하면, 수압이 대기압의 2배가 되는 수심 h의 관계식은 다음과 같습니다.

$$200000Pa = 100000Pa + 1000 \times 10 \times h(Pa)$$

따라서 h = 10m입니다. 즉, 수심이 10m 늘어날 때마다 수압은 대기압만큼 증가하는 것입니다.

BUSINESS 심해 잠수정 '해미래'

바다 깊숙이 들어가는 것은 잠수함뿐만이 아닙니다. 아직 미지의 세계인 심해를 조사하기 위해 존재하는 것이 바로 심해 잠수정입니다. 예를 들어 한국에는 수심 6,000m까지 잠수해 조사할 수 있는 '해미래'가 있습니다.

그럼 이렇게 깊은 곳까지 잠수하면 얼마나 많은 수압을 받을까요? 수압은 수심이 10m 늘어날 때마다 대기압만큼 수압이 커집니다. 수심 0m(이때는 대기압)라면 10m × 650배, 즉 대기압의 650배 정도 수압이 커지는 셈이죠.

참고로 대기압은 1m^{2}당 10톤 무게의 물건을 실을 정도의 압력입니다. 그 650배니까 수압이 얼마나 큰 압력인지 짐작할 수 있습니다. 해미래는 이 수압을 견딜 수 있도록 길이 3.3m, 안지름 1.8m, 무게 3.2t의 티타늄 합금으로 만들어졌다고 합니다.

06 강체의 균형

물체에 힘이 작용할 때, 힘이 작용하는 위치(작용점)에 따라 그 영향이 달라집니다. 물체가 변형되지 않아도 회전시키는 작용이 달라지기 때문입니다.

힘의 모멘트는 회전축과의 거리에 따라 달라짐

물체에 작용하는 힘, 물체를 회전시키는 작용의 크기를 힘의 모멘트라고 함. 힘의 모멘트는 다음 그림의 왼쪽처럼 구함

물체가 정지한 경우, 다음 그림의 오른쪽처럼 힘의 모멘트 균형이 이루어짐

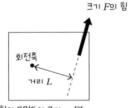

크기 F의 힘
회전축
거리 L
힘의 모먼트의 크기 = FL

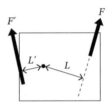

모먼트의 균형 $FL = F'L'$

물체가 쓰러지지 않으려면 모멘트의 균형이 필요

실생활의 예에서 힘의 모멘트를 생각해 봅시다. 두 사람이 각각 야구 방망이의 양쪽 끝 부분을 잡고 있습니다. 그리고 서로 힘을 합쳐 반대 방향으로 회전시키려고 합니다. 이때 어느 쪽을 잡고 있는 사람이 더 유리할까요?

실제로 해보면 알겠지만, 방망이의 굵은 쪽을 잡은 사람이 훨씬 유리합니다. 이는 굵은 쪽이 힘을 가하는 방망이의 회전축과의 거리가 더 멀기 때문입니다. 회전축과의 거리가 멀기 때문에 큰 모멘트가 발생되는 것입니다. 힘의 크기는 같지만 작용하는 위치에 따라 회전에 미치는 영향이 완전히 달라진다는 점을 알 수 있습니다.

BUSINESS 거대한 건축물 설계

재생 에너지의 보급과 활용은 전 세계적 과제입니다. 그중 하나가 풍력 발전입니다. 거대한 풍차를 설치할 수 있는 장소가 한정된 한국에서는 바다의 풍력 발전이 큰 잠재력을 가졌다고 생각합니다. 해상이라면 소음이나 자연 경관 파괴라는 문제가 없고, 일정량 이상의 풍력이 발생한다는 장점도 있습니다.

하지만 동해는 대부분 수심이 깊어 해저에 고정해 설치하면 비용이 많이 듭니다. 그래서 바다에 띄우는 풍차를 연구 중입니다. 이때 풍차가 쓰러지지 않도록 어떻게 설계하느냐가 관건입니다. 부유식 풍력 발전기는 탑의 윗 부분을 속이 빈 얇은 철로 만들고, 아랫 부분을 속이 빈 콘크리트로 만들어 바닷물을 담을 수 있도록 합니다. 이렇게 하면 발전기 전체의 무게 중심을 낮출 수 있습니다.

이때 발전기를 띄우는 것은 바닷물에서 작용하는 부력입니다. 부력은 대략 가라앉은 부분의 중심에 작용합니다. 그러면 파도나 바람 때문에 풍력 발전기가 기울어지더라도 다음 그림의 오른쪽 아래처럼 원래대로 되돌리려는 모멘트가 발생해 발전기 위치가 안정화되는 것입니다.

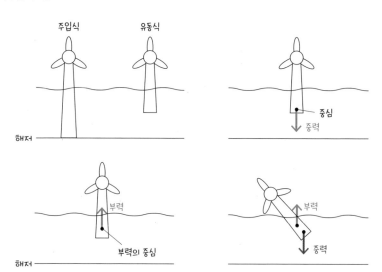

 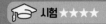
07 운동 방정식

물체에 작용하는 힘이 균형을 이루지 못할 때, 물체의 속도는 변합니다. 이를 표현한 것이 운동 방정식입니다.

Point

운동 방정식에서 물체에 생기는 가속도를 구함

물체에 크기 F의 힘이 작용하여 크기 a의 가속도가 발생할 때, 둘 사이에는 다음과 같은 관계가 성립함

- 운동 방정식 : $ma = F$(m: 물체의 질량)

물체에 발생하는 가속도 a는 물체가 받는 힘 F에 비례함. 가속도 a는 물체의 질량 m에 따라 달라지며, 가속도와 물체의 질량은 반비례 관계임

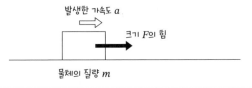

물체의 질량이 클수록 속도는 변화하기 어려움

힘의 크기를 나타낼 때는 단위가 있어야 합니다. SI(국제단위계)에서는 힘의 크기를 나타내는 단위로 'N(뉴턴)'을 사용합니다. 'N'이라는 단위는 운동 방정식을 바탕으로 정의된 것입니다.

마찬가지로 SI에서 질량의 단위는 'kg', 가속도의 단위는 'm/s²'입니다. 이를 운동 방정식에 대입하면 다음과 같습니다.

$$1\text{kg} \times 1\text{m/s}^2 = 1N$$

즉, $1N$은 질량 1kg의 물체에 1m/s²의 가속도를 발생시키는 힘의 크기입니다.

운동 방정식으로 물체의 질량이 클수록 같은 힘이 작용해도 가속도가 덜 발생한다는 것을 알 수 있습니다. 가벼운 물체보다 무거운 물체가 움직이기 시작하거나 멈추는 것이 더 어렵다는 것을 생각하면 이해될 것입니다.

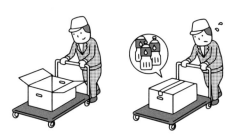

BUSINESS 우주에서 무게를 정확하게 측정하려면?

운동 방정식은 질량 측정 기기에 활용됩니다. 사물의 '무게'는 저울로 측정할 수 있습니다. 하지만 '질량'을 측정하는 것은 아닙니다. 이는 ISS(국제우주정거장)와 같은 무중력 공간을 떠올려보면 알 수 있습니다. 무중력 상태에서는 어떤 것이든 '무게'는 0입니다. 하지만 '질량'이 0이 되는 것은 아닙니다.

ISS에 장기 체류하는 우주 비행사들은 건강 관리를 위해 자신의 '질량'을 측정합니다. '무게'는 0이기 때문에 체중계로 측정할 수 없기 때문이죠. 고무줄 같은 것을 이용할 때도 있습니다. 고무줄을 잡아당긴 후, 다시 당겨질 때의 속도를 측정하는 것이죠. 즉, 고무줄의 힘에 따라 속도가 변화(가속도 발생)한다는 원리를 이용하는 것입니다. 우주 비행사의 '질량'이 클수록 속도는 변화하기 어렵다는 점으로 질량을 알 수 있습니다.

고무줄 대신에 스프링을 사용해도 됩니다. 질량이 클수록 우주 비행사에게 연결된 스프링은 천천히 진동합니다.

08 공기 저항과 종단 속도

떨어지는 물체는 중력 때문에 가속이 붙습니다. 하지만 가속의 정도는 점점 작아집니다. 공기 저항이 작용하기 때문입니다.

떨어지는 물체의 속도는 일정한 값으로 수렴

공기 저항

물체가 떨어질 때의 가속도는 중력 가속도 g(≒ 9.8m/s^2)임(03 참고). 이는 공기 저항이 작용하지 않을 때며, 실제 떨어지는 물체에는 공기 저항이 작용함. 즉, 가속도는 중력 가속도 g보다 작아짐

공기 저항을 받는 물체에 생기는 가속도 a는 다음처럼 구함

- 운동 방정식: $ma = mg - kv$(m: 물체의 질량, v: 물체의 속도)

즉, '$a = g - \dfrac{kv}{m}$'임. 공기에 대한 물체의 속도 v가 크지 않을 때, 공기 저항의 크기는 속도 v에 비례하는 것을 이용함(k는 비례상수)

종단 속도

속도 v가 점차 커지면 결국 '$a = g - \dfrac{kv}{m} = 0$'이 됨. 즉, 물체의 속도가 일정할 때의 물체 속도를 종단 속도라고 함

- 종단 속도: $v = \dfrac{mg}{k}$

폭우일수록 더 세게 내리는 이유

하늘 높은 곳에서 떨어지는 물체라고 하면 빗방울을 꼽을 수 있습니다. 비는 하늘의 수 km 위에 있는 구름에서 내려옵니다. 그리고 지상에 떨어질 때까지 계속 중력을 받습니다.

그럼 공기 저항이 없다면 빗방울은 얼마나 빨리 지상에 도달할 수 있을까요? 출발 지점을 상공 1km로 계산하면 지상에 도달할 때 140m/s(≒500km/h)의 속도를 내야 합니다. 이는 KTX보다 더 빠른 속도입니다. 이런 속도로 떨어지면 아무리 빗방울이라고 해도 위험합니다. 하지만 실제로는 이보다 훨씬 느린 속도로 떨어집니다. 빗방울은 지상에 도달할 때

쯤이면 이미 종단 속도가 되어 있습니다. 그리고 종단 속도의 크기는 빗방울의 크기에 따라
달라집니다.

여기서는 단순하게 생각해 봅시다. 종단속도 $v = \dfrac{mg}{k}$에 등장하는 값 중에서, 중력 가속도
g는 빗방울의 크기에 상관없이 일정합니다. 빗방울의 크기에 따라 달라지는 것은 빗방울
의 질량 m과 공기 저항의 비례상수 k입니다.

빗방울이 구(sphere) 형태를 유지한다고 가정하면, 질량은 구 반지름의 제곱에 비례합니
다. 부피가 구 반지름의 제곱에 비례하기 때문입니다. 또한 공기 저항의 비례상수 k는 대
략 구의 단면적에 비례합니다. 즉, 구의 반지름의 제곱에 비례한다는 뜻입니다.

따라서 종단 속도 $v = \dfrac{mg}{k}$는 $\dfrac{(\text{빗방울의 반지름})^3}{(\text{빗방울의 반지름})^2}$ = 빗방울의 반지름에 비례한다는 것을 알
수 있습니다. 이는 실제 경험으로 이해할 수 있습니다.

빗방울의 낙하 속도(종단 속도)를 구하는 문제는 기상예보관 시험
에서도 출제됩니다. 구름의 모습에서 빗방울의 크기를 예측하고,
얼마나 세게 내릴지 예측하는 것입니다.

소나기는 부드럽게 내리고
폭우는 세차게 내림

 교양 ★★ 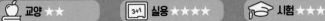 3+1 실용 ★★★★   시험 ★★★

09 일과 역학적 에너지

물체를 높은 위치로 이동시키거나 가속해 빠르게 움직일 때 필요한 개념입니다. '힘'뿐만 아니라 '에너지'에 주목하면 보이는 관계가 있습니다.

Point 일을 한 만큼 물체의 운동 에너지가 증가함

일

물리학에서는 힘을 가해 무언가를 움직이는 것을 일이라고 함. 일반적인 일과는 의미가 다르므로 주의해야 함(장시간 물건을 지탱하고 있어도 움직이지 않으면 물리학에서는 '일을 했다'고 말하지 않음)

일의 크기는 '$W = Fs\cos\theta$(F: 힘의 크기, s: 이동 거리)'로 구함

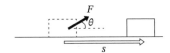

역학적 에너지

물체에는 '일을 할 수 있는 능력'을 에너지라고 함. 에너지에는 운동 에너지(움직이는 물체가 갖는 에너지), 중력에 의한 위치 에너지(높은 위치에 있는 물체가 갖는 에너지), 탄성력에 의한 위치 에너지(스프링이 저장하는 에너지) 등이 있음

• 운동 에너지 $= \dfrac{1}{2}mv^2$(m: 물체의 질량, v: 물체의 속도)

• 중력에 의한 위치 에너지 $= mgh$(g: 중력 가속도, h: 기준부터의 물체의 높이)

• 탄성력에 의한 위치 에너지 $= \dfrac{1}{2}kx^2$(k: 스프링 상수, x: 스프링의 팽창(수축))

운동 에너지와 위치 에너지의 합이 역학적 에너지임

또한 일과 에너지 사이에는 '물체가 일한 만큼 운동 에너지가 증가한다'라는 관계도 중요함

도구를 사용하면 편하지만, 필요한 일의 양은 변하지 않음

04에서 크레인의 원리를 소개했습니다. 줄 하나의 힘을 몇 배로 늘려서 무거운 물건을 들어 올립니다.

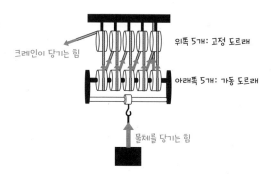

크레인이 당기는 힘

위쪽 5개: 고정 도르래

아래쪽 5개: 가동 도르래

물체를 당기는 힘

이 아이디어는 공사 현장뿐만 아니라 엘리베이터나 기계 설계 등 다양한 분야에서 유용하게 사용합니다. 단, 도구를 사용하더라도 필요한 작업을 줄일 수 없다는 점에 주의해야 합니다.

크레인이 물체를 높은 곳으로 들어 올릴 때는 천천히 올라갑니다. 하지만 와이어를 감는 부분을 보면 상당히 빠르게 움직이는 것을 알 수 있습니다. 즉, 와이어 자체는 빠르게 움직이지만, 들어 올리는 물체는 매우 느리게 움직이는 것입니다. 그 이유는 크레인 차량에 많은 도르래를 사용하기 때문입니다.

앞 그림에서는 고정 도르래와 가동 도르래를 각각 5개씩 사용해 와이어의 힘을 10배로 늘렸습니다. 도르래 10개의 힘으로 물체를 끌어올리려면, 물체가 1m 올라갈 때 10개의 와이어가 모두 1m씩 짧아져야 합니다. 10m라는 길이로 와이어는 물체가 올라가는 높이의 10배를 움직이는 것입니다. 즉, 힘은 1/10이지만, 움직이는 거리는 10배가 되어 결과적으로 일의 양은 변하지 않는 것입니다. 이를 일의 원리라고 합니다.

아무리 좋은 도구를 사용해도 필요한 일의 양을 줄일 수 없는 것이 물리학의 원리입니다. 물건을 들어 올리거나 이동시키는 것을 생각할 때 '일'에만 집중하는 것은 의미가 없습니다. 그보다는 '힘'에 주목해야 합니다. 필요한 힘이라면 작게 할 수 있습니다. 대신 힘을 작게 한 만큼 움직여야 하는 거리는 길어집니다.

 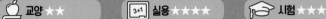
10 역학적 에너지 보존 법칙

물체의 에너지의 형태가 변할 때 필요한 개념이 역학적 에너지 보존 법칙입니다. 단,
이 법칙이 항상 성립하는 것은 아닙니다.

1. Point 물체가 비보존력에서 일을 하지 않으면 역학적 에너지는 보존됨

역학적 에너지(운동 에너지와 위치 에너지의 합)가 일정하게 유지되는 것을 역학
적 에너지 보존 법칙이라고 함. 역학적 에너지 보존 법칙은 물체가 '비보존력'에서
일을 받지 않을 때만 성립하는 법칙임에 유의해야 함

- 보존력 = 위치 에너지가 정의되는 힘(예: 중력, 용수철의 탄성력, 정전기력)
- 비보존력 = 위치에너지가 정의되지 않는 힘(예: 마찰력, 수직항력)

역학적 에너지 보존 법칙이 성립하는 대표적인 패턴은 다음과 같음

낙하 운동(포물선 운동 포함)   스프링에 의한 진동   진자 운동

높이와 낙하 속도의 관계

높은 곳에서 떨어지는 물체는 점점 더 빠른 속도로 떨어집니다. 얼마나 떨어지면 얼마나
빠른 속도를 얻는지는 역학적 에너지 보존 법칙을 통해 계산할 수 있습니다.

- 1m 떨어졌을 때: $m \times 9.8 \times 1 = \frac{1}{2}mv^2$ 따라서 $v ≒ 4.4\text{m/s}$

- 10m 떨어졌을 때: $m \times 9.8 \times 10 = \frac{1}{2}mv^2$ 따라서 $v = 14\text{m/s}$

- 100m 떨어졌을 때: $m \times 9.8 \times 100 = \frac{1}{2}mv^2$ 따라서 $v ≒ 44\text{m/s}$

BUSINESS 위치 에너지가 대량의 전기를 만들어 냄

역학적 에너지 보존 법칙을 잘 활용하면 이익을 가져다주는 것도 있습니다. 대표적인 예가 수력 발전입니다.

수력 발전은 댐에 저장된 물의 '중력에 의한 위치 에너지'를 '운동 에너지'로 변환합니다. 위치 에너지를 방출해서 물이 격렬하게 움직이는 것입니다. 그리고 격렬하게 흐르는 물은 발전기를 회전시킵니다. 이것이 수력 발전의 원리입니다.

한국의 수력 발전 의존도는 약 2% 정도입니다. 대략적으로 한국의 발전 용량은 최대 3,000만kW입니다. 이는 1초에 300억J(줄)의 에너지를 생산할 수 있는 능력입니다. 이중 2%(6억J)의 전기 에너지를 만들어내는 것이 바로 댐에 저장된 물의 위치 에너지인 것입니다. 그렇다면 얼마나 많은 양의 물일까요?

하천법에서는 높이 15m 이상의 공작물을 댐으로 정의하는데, 여기서는 간단하게 설명하기 위해 댐의 높이를 100m로 가정합니다(실제 99.9m 높이의 주암조절지댐이 있고 이보다 더 높은 소양강댐도 있습니다).

1kg의 물이 100m 떨어졌을 때 방출되는 위치 에너지는 다음과 같습니다.

$$1 \times 9.8 \times 100 = 980J$$

따라서 30억 J에 해당하는 물은 다음과 같습니다.

$$30억 / 980 ≒ 30만kg = 306t$$

발전 효율이 100%가 아니라는 점 등을 감안하면 이보다 더 많은 물이 필요하다는 것을 알 수 있습니다.

항상 이렇게 많은 물이 발전용으로 사용되는 것은 아니지만, 전력을 확보하려면 많은 수자원이 필요함을 알 수 있습니다.

11 운동량과 충격량

힘이 가해졌을 때 물체의 움직임 변화를 파악하는 방법 중 하나가 일과 에너지의 관계입니다. 상황에 따라서는 충격량과 운동량이라는 개념이 더 유용할 수도 있습니다.

Point 물체는 받은 충격량만큼 운동량이 변화함

운동량

물체의 운동 강도를 운동 에너지와 별도로 운동량이라는 개념으로 표현함

- 운동량: $p = mv$(m: 물체의 질량, v: 물체의 속도)

충격량

물체가 힘을 받으면 운동량은 변화함. 운동량의 변화량은 물체가 받는 충격량과 같음

- 충격량: $I = Ft$(F: 힘의 크기, t: 힘이 가해지는 시간)

힘을 받는 시간이 길면 충격을 줄일 수 있음

물체 움직임의 강도는 '질량'과 '속도'의 곱으로 표현됩니다. 이를 실감할 수 있는 것이 자동차의 운동량입니다.

예를 들어 천천히 달리는 차보다 빠르게 달리는 차가 더 위험합니다. 만약 무언가에 부딪혔을 때 속도가 빠르면 빠를수록 충격은 더 커집니다. 그리고 같은 속도라 하더라도 질량이 클수록 더 큰 충격을 받습니다. 경차와 덤프트럭 중 같은 속도라면 덤프트럭의 운동 강도가 더 크다는 사실은 쉽게 상상할 수 있을 것입니다.

그런데 움직임의 격렬함(운동량)은 일정하지 않습니다. 자동차의 경우 가속 페달을 밟으면 운동량이 커지고, 브레이크를 밟으면 운동량이 작아집니다. 이는 자동차에 힘을 가하는 조작이며, 자동차는 충격량을 받은 만큼 운동량이 변하는 것입니다.

빨대에 성냥개비를 넣고 불어보면 이 관계를 쉽게 확인할 수 있습니다. 성냥개비를 빨대 끝 부근에 넣었을 때와 입에 가까이 넣었을 때, 같은 힘으로 불어도 입에 가까이 넣었을 때 날아가는 거리가 더 깁니다. 이는 힘이 가해지는 시간이 길어져 성냥개비가 받는 힘의 곱이 커졌기 때문입니다. 즉, 성냥개비의 운동량 변화(속도의 변화)가 커졌다는 뜻입니다.

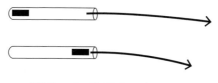

힘을 받는 시간이 길어질수록 운동량의 변화가 커짐

BUSINESS '힘을 받는 시간'을 길게 하는 완충재

운동량과 힘의 곱 관계는 여러 곳에서 활용됩니다. 예를 들면 깨지기 쉬운 물건을 운반할 때 부드러운 소재의 완충재로 감싸는 것입니다. 단, 부딪히는 물체가 부드럽든 딱딱하든 물체의 운동량 변화량에는 변함이 없습니다.

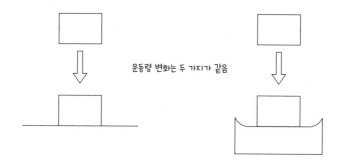

운동량 변화는 두 가지가 같음

즉, 받는 힘의 곱은 같다는 뜻입니다. 재료를 바꾼다고 해서 힘의 곱을 바꿀 수는 없습니다.

그럼 부드러운 소재를 사용하면 무엇이 달라질까요? '힘을 받는 시간'이 달라집니다. '힘을 받는 시간'이 길어져 받는 힘을 작게 만들 수 있습니다.

 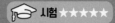
12 운동량 보존 법칙

물체 하나에만 집중할 때는 힘의 곱과 운동량의 관계가 도움이 됩니다. 물체 2개 이상에 집중할 때는 운동량 보존 법칙이 도움이 될 때가 많습니다.

! Point

외력이 작용하지 않으면 전체 운동량의 합은 보존됨

두 물체가 충돌할 때 서로 힘을 주고받으므로 각각의 운동량은 변화함. 하지만 두 물체가 서로에게만 힘을 가하고, 외부에서 힘을 받지 않으면(서로 맞물려 있으면) 두 물체의 운동량 합은 변하지 않음. 이를 운동량 보존 법칙이라고 함

운동량 보존 법칙이 성립하는 패턴은 다음 예와 같음

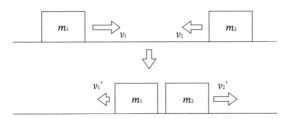

두 물체에 작용하는 외력(중력과 수직 항력)은 서로 균형을 이룸

• 운동량 보존 법칙: $m_1 v_1 - m_2 v_2 = -m_1 v_1' + m_2 v_2'$

운동량 보존 법칙을 이용해 충격을 억제함

운동량에는 '크기'뿐만 아니라 '방향'도 있습니다. 예를 들어 같은 질량의 물체가 같은 속도로 정면충돌하여 두 물체가 모두 멈춰버리는 상황을 생각해 보죠. 이때 두 물체의 운동량이 없어지는 것이 아닙니다. 원래 두 물체의 운동량의 합이 0인 것입니다. 공식으로 표현하면 '두 물체의 운동량의 합 = $m_1 v_1 - m_2 v_2 = 0$'입니다.

이러한 운동량 보존 법칙을 이해한다면 실생활의 문제에 적용할 수 있는 폭이 넓어집니다.

BUSINESS 대포알이 멀리 날아가는 이유

전쟁에서 사용되는 무기 중 하나로 대포가 있습니다. 대포는 적진을 향해 거대한 대포알을 힘차게 발사합니다. 발사된 대포알은 큰 운동량을 얻습니다.

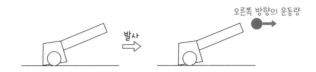

이때 원래 '발사 장치 + 탄환'은 정지해 있고, 운동량이 없습니다. 그 상태에서 대포알에 오른쪽으로 향하는 운동량이 발생하면, 동시에 발사 장치에는 왼쪽으로 향하는 운동량이 발생해야 합니다. 이는 운동량 보존 법칙으로 알 수 있습니다.

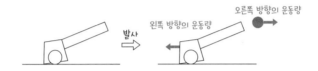

대포알은 매우 빠른 속도로 발사됩니다. 즉, 큰 운동량을 얻습니다. 이때 발사 장치에 생기는 운동량도 그만큼 커집니다. 이는 발사 장치 근처에 있는 사람에게 매우 위험할 뿐만 아니라 대포 고장의 원인이 되기도 합니다.

그래서 개발된 것이 무반동포입니다. 다음 그림의 왼쪽처럼 양쪽을 향해 총알을 발사하면 발사 장치에 운동량이 생기지 않아도 '운동량의 합'이 0으로 유지됩니다. 하지만 이렇게 되면 자기 진영에도 발사해야 하는 상황이 발생합니다. 이를 개선하여 다음 그림의 오른쪽처럼 총알이 아닌 기체를 발사하는 장치로 만들었습니다. 이 구조는 피칭 머신 등에 응용해 사용합니다.

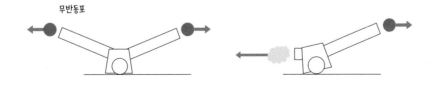

 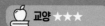 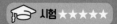

13 두 물체의 충돌

두 물체가 충돌했을 때, 충돌 후의 속도는 운동량 보존 법칙만으로는 예측할 수 없습니다. 반발계수라는 개념이 필요합니다.

Point 두 물체의 반발 정도는 '반발계수'로 나타냄

어떤 물체가 바닥에 부딪혀서 다음 그림처럼 튕겨나갈 때, 공과 바닥 사이의 반발계수는 '$e = \dfrac{v'}{v}$'로 표현됨

운동하는 두 물체가 다음 그림처럼 충돌할 때, 공과 공 사이의 반발계수는 '$e = \dfrac{v'_1 + v'_2}{v_1 + v_2}$'로 표현됨

충돌 후 속도를 '운동량 보존 법칙'과 '반발계수'로 도출함

구기 종목 경기에서 사용되는 공은 종목별로 기준이 있습니다. 크기, 무게, 탄력이 기준에 맞춰 제조됩니다. 예를 들어 프로 야구 공식 경기에서 사용되는 공은 고정된 철판과의 반발계수가 약 0.4061이 되는 것을 목표로 제조된다고 합니다. 보통 충돌 전후의 속도를 센서로 측정해 규정 범위 안에 있는지 확인합니다.

사실 속도를 측정하는 센서가 없어도 반발계수는 쉽게 구할 수 있습니다. 다음 쪽 그림처럼 바닥 위 어느 높이에서 공을 조용히 떨어뜨립니다. 그리고 충돌 후 도달하는 가장 높은 지점의 높이를 측정하면 됩니다.

이때 충돌 직전의 속도를 v_1, 충돌 직후의 속도를 v_2라고 하면, 09에서 소개한 공식을 사용해 첫 번째 높이와 충돌 후 최고점 높이를 구할 수 있습니다.

- 첫 번째 높이 $h_1 = \dfrac{v_1^2}{2g}$ (g: 중력 가속도)
- 충돌 후 최고점 높이 $h_2 = \dfrac{v_2^2}{2g}$ (g: 중력 가속도)

그럼 공과 바닥 사이의 반발계수는 다음과 같습니다.

- 공과 바닥 사이의 반발계수 $e = \dfrac{v_2}{v_1} = \sqrt{\dfrac{h_2}{h_1}}$

h_1과 h_2로부터 공의 반발계수를 구할 수 있습니다.

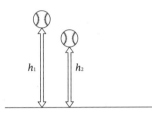

이제 물체끼리 충돌하는 상황에서 충돌 후의 속도를 구해야 한다고 가정해 봅시다. 이때 '운동량 보존 법칙'을 함께 이용해야 합니다.

두 공의 충돌 직후 각각의 속도는 다음 그림과 같습니다.

충돌 후 각각의 속도는 다음 그림과 같다고 가정하겠습니다.

그럼 운동량 보존 법칙과 공과 공 사이의 반발계수는 다음과 같습니다.

- 운동량 보존 법칙: $m_1 v_1 - m_2 v_2 = -m_1 v_1' + m_2 v_2'$
- 공과 공 사이의 반발계수 $e = \dfrac{v_1' + v_2'}{v_1 + v_2}$

앞 두 식을 연립해 풀면 충돌 후의 속도를 구할 수 있습니다.

 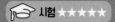
14 원운동

물체가 빙글빙글 도는 '원운동'을 하려면 어떤 힘이 필요할까요? 원의 중심을 향해 힘이 작용하면 물체는 원운동을 계속합니다.

Point 등속 원운동하는 물체에는 원의 중심 방향으로 가속도가 발생함

물체가 등속 원운동(일정한 속도로 원운동)할 때, 다음과 같은 가속도가 발생함

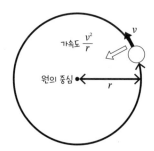

가속도 $\dfrac{v^2}{r}$

원의 중심

물체에 가속도가 발생하려면 그 방향으로 힘이 작용해야 함(07 참고). 즉, 등속 원운동하는 물체에 작용하는 힘은 중심 방향으로 작용함. 이를 **구심력**이라고 하며 그 크기는 다음과 같음

• 구심력: $F = m\dfrac{v^2}{r}$! (m: 물체의 질량)

주기와 회전수는 역수 관계

해머 던지기에서는 와이어 끝에 총알을 달아 힘차게 돌립니다. 강하게 당기지 않으면 계속 돌지 않습니다. 구심력이 부족해지기 때문입니다.

놀이공원에 있는 놀이기구 등의 원운동 구조는 여러 곳에서 활용됩니다. 이때 필요한 것은 원의 중심 방향으로 힘을 주는 것입니다. 현실에서 물체에는 중력도 작용하므로 다음 쪽의 그림처럼 당기는 힘과 중력의 합력(resultant force)이 원궤도의 중심을 향하면 됩니다.

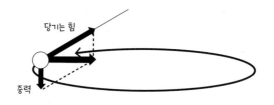

당기는 힘

중력

자동차나 기계에는 수많은 기어가 내장되어 있습니다. 그 회전 속도는 보통 '회전수'로 표현합니다. 단위 시간당 몇 번을 회전하는지입니다.

물체가 1회 원운동할 때 원주 $2\pi r$만큼 이동합니다. 이에 걸리는 시간은 $2\pi r/v$입니다. 이를 원운동의 주기라고 합니다. 예를 들어 주기가 0.1초라고 가정하면 0.1초 만에 1바퀴를 돌았다는 뜻입니다. 그러면 1초에는 10배인 10바퀴를 돕니다. 이는 회전수에 해당합니다. 이상에서 '주기'와 '회전수'는 다음처럼 역수 관계임을 알 수 있습니다.

주기 = 1/회전수

'주기'와 '회전수' 중 하나를 구하면 즉시 다른 하나도 구할 수 있습니다.

우리 주변에는 회전하는 것이 많이 있습니다. 예를 들어 모터가 없으면 선풍기는 움직이지 않습니다. 또한 주기와 회전수의 역수 관계는 기계를 설계할 때 등 여러 가지 상황에서 유용하게 사용됩니다.

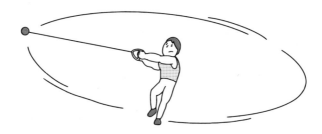

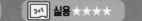 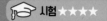
15 관성력(원심력)

물체가 빙글빙글 도는 것은 고정된 시점으로 볼 때 나타나는 현상입니다. 물체와 함께 도는 사람의 시점에서는 물체가 멈춰져 보입니다. 이 시점에서 특별한 힘이 등장합니다.

! Point 원심력은 원운동을 하는 사람의 시점에만 등장함

등속 원운동하는 물체와 함께 원운동하는 시점에 원심력이 작용함

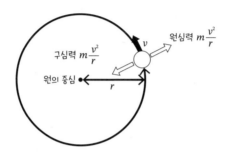

구심력 $m\dfrac{v^2}{r}$　원심력 $m\dfrac{v^2}{r}$　v　원의 중심　r

이 시점에서는 (원운동하는) 물체는 정지해 보임. 그것은 구심력과 원심력이 서로 맞물려 있기 때문임. 여기서 원심력은 함께 원운동을 하는 시점에서만 보인다는 점에 주의해야 함(옆에서 바라보는 사람에게는 보이지 않음)

원심력은 관성력이라는 힘의 하나임. '가속도 운동하는 물체에 올라탄 시점에만 보이는(느껴지는) 힘'이 관성력이며, 방향과 크기는 다음과 같음

차량 가속도 a

관성력 $ma(m:$ 물체의 질량$)$

관성력을 측정하면 가속도의 크기를 알 수 있음

요즘은 스마트폰에서도 쉽게 가속도계를 이용할 수 있습니다. 가속도계로 측정하는 것은 관성력입니다. 관성력은 가속도에 비례하므로 관성력을 측정하면 가속도의 크기를 알 수 있는 구조입니다.

자동차의 안전벨트는 급브레이크를 밟으면 잠기는데, 이 역시 관성력을 이용한 것입니다. 급브레이크를 밟으면 뒤쪽으로 가속도가 발생하므로 관성력은 전방으로 작용합니다. 그리고 그 관성력에 의해 자동차의 기어가 잠기는 구조입니다.

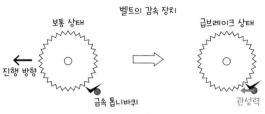

벨트의 감속 장치

보통 상태 　　　　 급브레이크 상태

진행 방향

금속 톱니바퀴 　　　 관성력

금속 톱니바퀴가 관성력 때문에
앞으로 밀려나면서 기어가 잠기게 됨

가속과 감속을 반복하는 엘리베이터에서도 관성력이 생깁니다. 엘리베이터가 위쪽으로 가속할 때는 몸이 무거워진 것처럼 느껴집니다. 반대로 아래쪽으로 가속할 때는 몸이 가벼워진 것처럼 느껴집니다. 이는 다음 그림처럼 관성력을 받아 느껴지는 중력이 커지거나 작아지기 때문입니다.

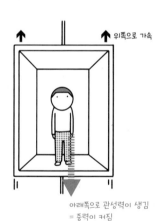

위쪽으로 가속

아래쪽으로 관성력이 생김
= 중력이 커짐

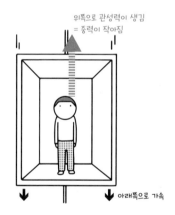

위쪽으로 관성력이 생김
= 중력이 작아짐

아래쪽으로 가속

 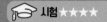
16 단순조화 운동

스프링에 연결된 물체는 '단순조화 운동'을 합니다. 단순조화 운동은 등속 원운동을 바탕으로 이해할 수 있습니다.

단순조화 운동은 등속 원운동의 정사각형을 의미함

한 방향에서 등속 원운동하는 물체에 빛을 비추면 스크린에 그림자가 생김. 이 그림자의 움직임을 정사영(orthogonal projection)이라 하며, 등속 원운동의 정사각형을 단순조화 운동이라고 함

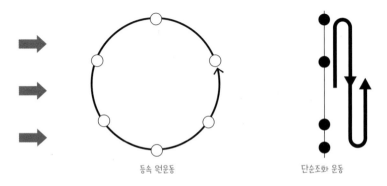

등속 원운동　　　　　　　　단순조화 운동

단순조화 운동하는 물체의 시각 $t = 0$의 위치가 0일 때, 시각 t에서의 물체의 위치 x는 '$x = A\sin\omega t$(A: 진폭, ω: 각진동수)'로 나타낼 수 있음

단순조화 운동하는 물체의 속도

물체의 속도는 위치 x를 시간 t로 미분하면 얻을 수 있으므로, 단순조화 운동하는 물체의 속도 v는 '$v = dx/dt = A\omega\cos\omega t$'로 나타낼 수 있음

단순조화 운동하는 물체의 가속도

속도 v를 시간 t로 미분하면 가속도 a를 얻을 수 있으므로, 단순조화 운동하는 물체의 가속도 a는 '$a = dv/dt = -A\omega^2\sin\omega t$'로 나타낼 수 있음

스프링의 강도가 주기를 결정함

스프링의 단순조화 운동을 명확하게 볼 수 있는 장면은 많지 않습니다. 무언가에 숨어서 작용하는 경우가 많기 때문입니다. 예를 들어 자동차 타이어에는 서스펜션이라는 스프링이 있습니다. 울퉁불퉁한 길을 달릴 때 차체의 흔들림을 조금이라도 줄일 수 있도록 스프링이 흔들림 에너지를 흡수하는 것입니다.

스프링의 단순조화 운동에서 중요한 것은 진동의 주기입니다. '한 번 진동하는 데 걸리는 시간'이 '주기'인데, 이는 진동하는 물체의 질량과 스프링의 강도(스프링 상수)에 따라 결정됩니다.

스프링 상수 k

질량 m

1회의 진동은 2π(rad)만큼 회전하는 것과 같습니다. 그리고 1s당 몇 rad만큼 진동하는지를 나타내는 것이 각진동수 ω(rad/s)입니다. 여기서 주기 T(s)는 '$T = 2\pi/\omega$'로 구할 수 있습니다.

그리고 단순조화 운동하는 물체의 운동 방정식은 '$ma = F$'로 나타낼 수 있습니다. 이때 가속도 a는 '$a = -A\omega^2\sin\omega t = -\omega^2 x$'로 나타낼 수 있고, 물체가 받는 힘 F는 '$F = -kx$'로 나타낼 수 있으므로 '$-m\omega^2 x = -kx$'에서 '$\omega = \sqrt{\dfrac{k}{m}}$'를 구할 수 있습니다.

따라서 주기 T(s)는, 다음처럼 구할 수 있습니다.

$$T = \frac{2\pi}{\omega} = 2\pi\sqrt{\frac{m}{k}}$$

앞 식에서 물체의 질량과 물체에 연결하는 스프링의 강도를 조절해서 진동의 주기를 원하는 값으로 설정함을 알 수 있습니다. 세상에는 스프링을 이용하는 물건들이 많으므로 다양한 물건을 설계할 때 '$T = 2\pi\sqrt{\dfrac{m}{k}}$'라는 공식이 중요합니다.

17　단진자

진자의 운동은 진폭이 작으면 단순조화 운동과 같은 운동으로 볼 수 있습니다. 단순조화 운동과 마찬가지로 활용할 때 핵심은 주기입니다.

단진자의 주기는 물체의 질량과 무관하게 결정됨

단진자

실에 추를 달아 진동시킬 때의 운동을 단진자라고 함

진폭이 작으면
단순조화 운동으로
간주할 수 있음

단진자는 진폭이 작으면 근사해서 직선의 왕복 운동으로 간주할 수 있음. 즉, 단순조화 운동으로 간주할 수 있음

단진자의 주기

$$T = 2\pi\sqrt{\frac{L}{g}} \ (L: 진자의 길이, \ g: 중력 가속도)$$

앞 공식은 단진자의 주기가 진자의 길이와 중력 가속도의 크기만으로 결정된다는 것임. 그리고 중요한 것은 물체의 질량 m과 무관하다는 것임. 이는 질량이 클수록 움직이기 어렵지만, 질량이 크면 작용하는 중력이 커지는 효과가 움직이기 어렵다는 점을 상쇄하기 때문임

길이만으로 단진자의 주기를 조절할 수 있음

단진자의 주기는 진자의 길이와 중력 가속도의 크기에 따라 결정됩니다. 그러나 중력 가속도의 크기는 지구의 어느 지점에서나 거의 같은 값을 갖습니다. 따라서 진자의 길이에 따라 주기가 결정됩니다. 중력 가속도의 위치에 따른 차이를 측정하는 한 가지 방법으로 같은 길이의 진자의 주기를 측정하여 비교하는 방법이 있습니다.

예를 들어 어린이 놀이기구인 그네는 어느 곳에서나 같은 길이로 설계되어 있습니다. 길이만 정하면 딱 적당한 주기로 움직일 수 있기 때문입니다. 반대로 아무리 열심히 그네를 타도 주기를 바꿀 수 없다는 뜻이기도 합니다. 유일하게 주기를 짧게 할 방법은 서서 타는 것입니다. 서 있으면 무게 중심이 진자의 받침점에 가까워지기 때문입니다. 이는 진자의 길이가 짧아지는 것과 같습니다.

[BUSINESS] 높은 건물이 바람과 지진에 흔들리는 이유

눈에 보일 정도는 아니지만, 높은 건물은 바람이나 지진 때문에 흔들립니다. 흔들림이 너무 심하면 건물이 무너질 수도 있지만, 그렇게 되지 않도록 설계되어 있습니다.

건물은 높이에 따라 진동 주기가 달라집니다. 보통 높을수록 주기가 길어지며, 주기가 긴 지진이 왔을 때 더 크게 흔들립니다. 이런 현상을 공진이라고 합니다. 예전 미국 동부 강가에 신축된 고층 빌딩이 바람 때문(바람과의 공진)에 크게 흔들린 적이 있습니다. 이는 바람 때문에 흔들리는 주기를 고려하지 않은 설계 오류입니다.

하지만 건물을 부수고 다시 세우는 것은 쉽지 않습니다. 어떻게 해결했을까요? 다음 그림처럼 더 낮은 건물과 연결하여 해결했다고 합니다. 낮은 건물과 연결해 무게 중심을 낮춰 주기가 짧아졌다고 합니다. 건물 설계에는 이런 부분도 고려해야 하는 것입니다.

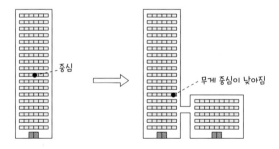

18 케플러의 행성 운동 법칙

태양 주위를 도는 천체의 운동에는 규칙성이 있습니다. '케플러의 행성 운동 법칙'으로 정의되어 있습니다.

! Point 행성은 태양에서 멀어질수록 느리게 움직임

케플러는 행성이 다음 세 가지 법칙을 만족하면서 운동한다는 것을 발견했음

• 제1법칙: 행성은 태양을 하나의 초점으로 하는 타원형 궤도를 그림

태양계의 행성들은 완전한 원궤도를 그리며 운동하지 않음. 약간 왜곡된 타원 궤도를 운동함. 지구는 태양에 가장 가까울 때와 멀어질 때의 거리가 500만km 정도 차이남

• 제2법칙: 행성의 넓이 속도는 일정하게 유지됨

다음 그림처럼 태양과 행성을 잇는 선분이 단위 시간에 그리는 넓이를 넓이 속도 라고 함. 넓이 속도가 일정하면 행성이 태양에서 멀어질수록 더 느리게 움직인 다는 뜻임

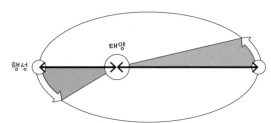

• 제3법칙: 행성의 공전 주기 T의 제곱과 타원궤도의 긴반지름 a(장축 길이의 절반)의 세제곱 비율은 모든 행성이 같음

제3법칙을 수식으로 표현하면 '$\dfrac{T^2}{a^3}$ = 일정'이 되고, 주기의 단위를 '년', 긴반지 름의 단위를 '천문단위'(지구의 긴반지름이 1천문단위)라고 함. 지구의 경우 '$\dfrac{T^2}{a^3}$ = 1'이 되므로 일정한 값은 1임

케플러의 제3법칙으로 특정 행성을 관측할 수 있는 시기를 알 수 있음

행성이 타원궤도를 그리며 태양에 가장 근접하는 위치를 근일점이라고 합니다. 반대로 가장 멀어지는 곳은 원일점입니다. 지구가 근일점일 때 북반구는 겨울입니다(동지와 맞물려 있기도 합니다). 반대로 원일점일 때 북반구는 하지입니다.

태양에 가까울수록 지구의 공전 속도는 빨라집니다. 즉, 한국은 겨울에 더 빨리 공전하는 것입니다. 이는 추분부터 춘분까지의 일수(겨울)가 춘분부터 추분까지의 일수(여름)보다 짧다는 점으로 알 수 있습니다(의외로 많은 사람이 잘 모르는 사실입니다). 지구의 공전 속도가 일정하지 않다는 뜻입니다.

케플러의 3법칙을 만족하는 것은 행성만이 아닙니다. 소행성이나 혜성 등도 이 법칙에 따라 운동합니다. 혜성은 태양에서 상당히 멀리 떨어진 기간이 긴 천체로, 주로 얼음으로 이루어져 있습니다. 그리고 태양에 가까워질 때만 서서히 얼음이 녹습니다. 즉, 혜성은 극단적인 타원형 궤도를 그리는 것입니다.

혜성의 궤도

태양

핼리 혜성은 1986년에 지구에서 관측되었습니다. 즉, 태양 가까이로 온 것입니다. 혜성의 긴반지름은 대략 17.8 천문단위인 것으로 알려져 있습니다. 여기서 '$\dfrac{T^2}{17.8^3} = 1$'처럼 케플러의 제3법칙을 이용해 핼리 혜성의 주기를 '$T \fallingdotseq 75$년'으로 구할 수 있습니다. 즉, 케플러의 제3법칙을 이용하면 2061년에 지구에서 핼리 혜성을 다시 관측할 수 있을 것으로 예상합니다.

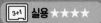

19 만유인력의 운동

어떤 물체 사이든 인력이 작용하는 것을 만유인력이라고 합니다. 천체의 운동을 지배하는 것도 만유인력입니다.

Point 1 만유인력의 에너지는 물체가 가까워질수록 작아짐

질량을 갖는 물체 사이에는 다음처럼 표현하는 만유인력이 작용함

$$F = G\frac{Mm}{r^2} \quad (G: \text{만유인력 상수}, \ r: \text{물체 간 거리}, \ M, m: \text{각 물체의 질량})$$

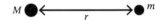

천체 사이의 만유인력으로 천체의 운동이 결정됨. 태양계는 태양의 질량이 압도적으로 크기 때문에 천체가 받는 것은 태양에서의 만유인력이 거의 전부임. 만유인력이 구심력이 되어 천체는 원운동(정확히는 타원 운동)을 한다고 이해할 수 있음

만유인력의 위치 에너지

만유인력이 작용하면 에너지가 생김. 이를 만유인력의 위치 에너지라고 하며, 다음 식으로 표현됨

$$U = -G\frac{Mm}{r}$$

만유인력의 위치 에너지는 일반적으로 무한대가 기준임. 이때 위치 에너지의 값은 음수가 된다는 점에 유의해야 함

인공위성이나 우주탐사선에 필요한 속도를 구함

기상위성, 통신위성, GPS 위성, 지구관측위성 등 다양한 목적으로 많은 인공위성이 지구 주위를 돌고 있습니다. 그런데 오랜 기간 동안 계속 운행하더라도 항상 연료를 소비하는 것은 아닙니다. 인공위성은 기본적으로 지구의 만유인력만으로 운동합니다. 만유인력이 구심력이 되어 원운동하는 것입니다. 따라서 연료를 소모하는 상황은 인공위성의 궤도가 틀어져 수정이 필요할 때뿐입니다. 즉, 인공위성은 에너지 절약형 물체인 것입니다.

물론 인공위성이 원운동을 할 수 있는 이유는 속도가 있기 때문입니다. 만약 속도가 없다면 중력에 의해 떨어질 것입니다. 그렇다면 어느 정도의 속도면 지구 주위를 계속 돌 수 있을까요? 이는 지표면과의 거리에 따라 달라집니다. 여기서는 지표면 근처를 돌고 있다고 가정해 보겠습니다. '지표면 근처를 도는 인공위성은 없다'라고 생각할 수도 있겠지만 국제우주정거장(ISS)은 지구 반지름 약 6,400km의 1/16에 해당하는 지표면에서 400km 상공을 돌고 있습니다. '우주'에 있는 우주정거장이라고는 하지만 멀리서 보면 지구 표면을 스쳐 지나가는 것처럼 보이는 것입니다.

이때 인공위성에 대한 운동 방정식은 '$m\dfrac{v^2}{r} = G\dfrac{Mm}{r^2}$'로 나타낼 수 있고, 이를 풀면 '$v = \sqrt{\dfrac{GM}{r}}$'를 구할 수 있습니다. 여기에 각 값을 넣으면 약 7.9km/s가 됩니다('제1우주속도'라고 합니다). 지표면 근처를 도는 인공위성은 7.9km/s라는 속도로 움직인다는 것을 알 수 있습니다. 그리고 이 정도의 초속이면 만유인력으로 원운동을 계속한다는 것을 알 수 있습니다.

참고로 인공위성의 속도가 이보다 더 빨라지면 원궤도에 머물지 않습니다. 타원 운동을 합니다.

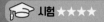
20 온도와 열

일상에서는 체온이 높아지는 것을 '열이 난다'라고 하는 등 '열'과 '온도'는 비슷한 의미로 사용됩니다. 하지만 물리학에서는 다른 것을 가리킵니다.

Point 입자 하나에 주목한 것이 '온도', 전체에 주목한 것이 '열'

온도

물질을 구성하는 원자, 분자 등의 입자는 정지해 있는 것이 아니라 무작위로 움직임. 이를 열운동이라고 하며, 입자는 운동 에너지가 있음

입자가 가진 운동 에너지는 다음처럼 표현됨

$$\frac{1}{2}mv^2 = \frac{3}{2}kT \ (k: 볼츠만 상수, T: 물질의 절대온도)$$

이 관계에서 '원자(분자) 하나가 갖는 운동 에너지'를 온도라고 함. 참고로 온도는 일상적인 온도(섭씨 온도: 단위는 '℃')가 아닌 절대온도(단위는 'K')를 사용함. 양자의 관계는 '절대온도 = ℃ + 273'임

열

물질을 구성하는 원자(분자) 전체가 갖는 에너지를 열이라고 함. 단원자 분자 이상 기체일 때, 원자(분자) 전체가 갖는 에너지(내부 에너지라고 함)는 다음처럼 표현됨

$$내부 에너지 \ U = \frac{3}{2}nRT \ (n: 기체의 물질량(mol), R: 기체 상수)$$

열의 정체를 알아낸 역사

열의 정체가 '에너지'임을 발견한 것은 1840년대 영국의 제임스 프레스콧 줄입니다. 1840년대에는 독일의 율리우스 로베르트 폰 마이어가 에너지가 여러 형태로 변환될 수 있음을 예측한 논문을 발표했고, 독일의 헤르만 폰 헬름홀츠가 열역학 제1법칙을 도출하기도 했습니다. 그래서 열역학에 있어서는 기적의 연대라고도 합니다.

사실 열이 에너지의 하나라는 것을 알기 전까지는 열은 '열량'이라는 원소의 하나로 여겨졌습니다. 예를 들어 뜨거운 물에는 열량이 많이 있고, 차가운 물에는 열량이 조금밖에 있지 않은 것과 같은 원리입니다.

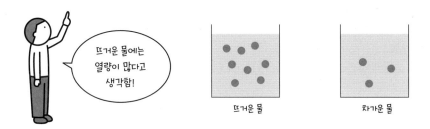

뜨거운 물에는 열량이 많다고 생각함!

뜨거운 물

차가운 물

참고로 우리말은 '열량'이라고 하는데, 영어로는 '칼로릭(caloric)'이라는 단어입니다. 현재도 사용하는 단위 'cal(칼로리)'의 어원이기도 합니다.

하지만 이 열량설은 점차 의문이 제기되기 시작했습니다. 의문을 품게 된 사람 중 하나가 밴저민 톰프슨입니다. 그는 1798년 대포의 포신을 회전시켜 깎는 작업에 말의 힘을 이용했는데, 이때 열이 발생한다는 것을 알았습니다. 그래서 마찰열이 발생하는 부분 주변에 수조를 만들어 관찰하니, 2시간 반 동안 속을 비우는 작업을 계속하면 물이 끓는 것을 관찰할 수 있었습니다.

이때 열량은 무한히 방출된다고 생각하기 어렵고, 오히려 원자-분자의 무질서한 운동(열운동)이라고 생각하는 것이 더 자연스럽다는 것을 깨닫게 되었습니다. 이 개념은 1827년 브라운 운동이 발견되면서 더욱 설득력을 얻습니다.

21 열의 이동

뜨거운 물체와 차가운 물체를 접촉시키면 두 물체의 온도가 점차 가까워집니다. 이는 뜨거운 것에서 차가운 것으로 열이 이동하기 때문입니다.

열량은 보존됨

열의 이동

고온의 물체와 저온의 물체를 접촉시키면, 두 물체의 온도는 곧 같아짐. 이는 고온의 물체에서 저온의 물체로 열이 이동하기 때문임. 이때 '고온의 물체가 방출하는 열량 = 저온의 물체가 받는 열량'의 관계가 성립함

열량

물체가 방출하거나 받는 열량 Q는 다음과 같이 표현됨

$$Q = mc\Delta T \ (m: \text{물체의 질량}, \ c: \text{물체의 비열}, \ \Delta T: \text{물체의 온도 변화})$$

여기서 비열은 '물체 1g의 온도를 1℃ 상승시키는 데 필요한 열량'을 뜻함

열을 전달하기 어려운 물질을 넣어 단열 효과를 높임

추운 지역에서는 건물의 단열성을 높이는 것이 특히 중요합니다. Point에서 언급했듯이 시간이 지나면 접촉하는 두 물체의 온도는 같아집니다. 하지만 집 안과 밖이 바로 같은 온도가 되는 것은 아닙니다. 열이 쉽게 전달되지 않기 때문입니다.

집 안팎으로 열이 빠져나가는 속도를 느리게 하려면 열전도율이라는 열 전달의 용이성을 나타내는 지표가 낮은 것을 사용하는 것이 효과적입니다. 다음 표는 각 물질의 열전도율인데, 열전도율이 매우 낮은 것은 공기입니다. 예를 들어 단열성을 높이려고 이중창을 많이 사용하는데, 2장의 유리 사이에 열이 잘 전달되지 않는 공기를 끼워 넣는 것입니다.

물질	열전도율
구리	403
알루미늄	236
스테인레스 스틸	16.7~20.9
유리	0.55~0.75
목재	0.15~0.254
폴리스타이렌	0.10~0.14
공기	0.0241

또한 열이 전달되었을 때 온도가 변하는 방식도 물건의 종류에 따라 다릅니다. 예를 들어 날씨가 좋을 때 바다에 나가면 모래사장은 매우 뜨겁습니다. 하지만 바닷물은 뜨겁지 않습니다. 그 원인은 모래사장과 바닷물 사이에 비열의 차이가 있기 때문입다. '비열'이란 물체 1g의 온도를 1℃ 상승시키는 데 필요한 열량을 말합니다. 모래의 비열은 물에 비해 매우 작으므로 금방 온도가 올라가 뜨거워집니다. 그리고 낮에는 뜨거운 모래사장이지만, 비열이 작으므로 밤이 되면 금방 식습니다. 하지만 비열이 큰 바닷물은 밤이 되어도 온도가 거의 변하지 않고 어느 정도 따뜻함을 유지합니다.

이러한 모래사장과 바닷물의 온도 변화를 알면 해안을 따라 불어오는 바람도 이해할 수 있습니다. 낮에는 온도가 높은 모래사장이 따뜻해지면서 상승기류가 발생하므로 차가운 바닷물 쪽에서 육지를 향해 바람이 불어옵니다. 이 바람은 더위를 식혀주는 효과가 있습니다. 반대로 밤에는 모래사장이 차가워서 하강 기류가 발생하므로 육지에서 바다 쪽으로 바람이 불어와 추위를 완화시켜 줍니다.

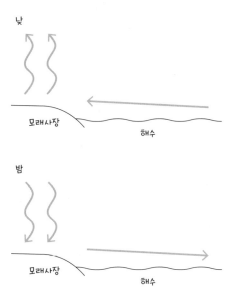

이렇게 낮과 밤으로 바람의 방향이 바뀌는데, 그 전환 시기는 바람이 불지 않는 상태가 됩니다.

22 열팽창

사물이 뜨거워진다는 것은 구성 입자의 열 운동이 활발해진다는 뜻입니다. 입자가 활발하게 움직이면 물체 전체의 부피가 커집니다.

Point

물체가 어떤 상태이든 온도가 올라가면 팽창함

고체의 온도가 올라가면 부피가 커진다. 이를 열팽창이라고 함

액체도 온도가 올라가면 팽창함. 단, 물은 0℃에서 4℃까지는 온도가 올라갈수록 수축하며, 4℃ 이상으로 온도가 올라가면 팽창함

기체도 온도가 올라가면 팽창함. 부피 변화가 가장 심한 것은 기체로, 압력이 일정할 때 온도가 2배가 되면 부피도 2배가 됨(다음 절 참고)

열팽창을 이용해 스위치를 만듦

기차가 달리는 선로는 끊어지지 않고 계속 이어져 있다고 생각하는 사람이 많을 것입니다. 하지만 보통 1개가 25m 길이의 레일로 이루어져 있고, 이것이 이음새로 연결되어 있습니다(기차가 달릴 때 나는 '덜컹덜컹'하는 소리는 이음새를 통과할 때 나는 소리입니다).

굳이 이음새를 만드는 이유는 레일이 온도에 따라 팽창과 수축을 하기 때문입니다. 선로는 온도가 높아질수록 팽창합니다. 만약 이음새가 없는 하나의 긴 레일로 만들어졌다면, 여름에 기온이 높을 때 팽창하여 뒤틀리게 됩니다. 그럼 기차가 운행할 때 위험하기 때문에 다음 그림처럼 이음새를 만드는 것입니다. 이렇게 하면 레일이 팽창해도 이음새 때문에 크게 휘지 않습니다.

레일의 이음새　　　　　　　　　　기온 상승 시 레일의 상태

또한 수십km의 터널 안에서는 이음새가 없는 경우도 있습니다. 터널 안의 연중 온도와 습도 변화가 거의 없어 열팽창을 걱정할 필요가 없기 때문입니다.

BUSINESS 바이메탈 스위치의 구조

열팽창은 레일 이외에도 다양한 곳에서 활용합니다. 바이메탈식 스위치가 그 대표적인 예죠. '바이'는 '둘'이라는 뜻으로 서로 다른 두 종류의 금속을 겹쳐서 만든 것이 '바이메탈'입니다.

금속의 열팽창 정도는 금속의 종류에 따라 다릅니다. 가령 금속 A가 금속 B보다 열팽창 정도가 더 크다고 가정해 보죠. 온도가 올라가면 다음 그림처럼 휘어집니다.

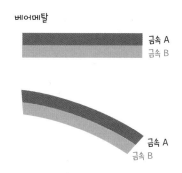

바이메탈을 스위치로 활용하면 자동으로 '온도가 올라가면 꺼지고, 온도가 내려가면 켜지는' 스위치를 구현할 수 있습니다.

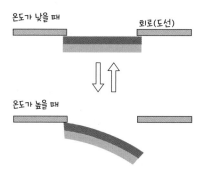

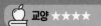 
23 보일-샤를의 법칙

기체는 고체나 액체에 비해 부피나 압력 등의 값이 변화하기 쉬운 상태입니다. 여기서는 기체의 상태 변화 방식을 알아봅니다.

보일의 법칙과 샤를의 법칙은 하나로 정리하면 사용하기 쉬움

보일의 법칙

기체의 온도가 일정할 때 pV = 일정 (p: 기체의 압력, V: 기체의 부피)

샤를의 법칙

기체의 압력이 일정할 때, V/T = 일정 (T: 기체의 절대온도)

두 법칙은 별개로 발견된 법칙이지만, 다음처럼 공식 하나로 정리하면 사용하기 쉬움

$$pV/T = 일정$$

이렇게 두 가지의 법칙을 하나로 정리한 것을 보일-샤를의 법칙이라고 함

기압의 감소에 따른 부피 변화를 예측할 수 있음

부서진 탁구공을 뜨거운 물에 담그면 다시 원래의 모양으로 돌아오는 경우가 있습니다. 이는 탁구공 안의 기체 온도가 상승하면서 부피가 증가하기 때문입니다. 이처럼 보일-샤를의 법칙은 일상적인 현상과 연결하여 이해할 수 있습니다.

예를 들어 기온이 일정하게 유지된 상태에서 공기의 압력이 9/10배로 증가했다고 가정해 봅시다. 이때 공기의 부피는 10/9배로 팽창합니다. 보일-샤를의 법칙을 이용하면 구체적으로 어떤 상태가 변화하는지도 알 수 있습니다.

📺BUSINESS 비행기를 타면 귀가 아픈 이유

보일-샤를의 법칙은 특히 기압 변화가 심하게 일어나는 것의 설계에 필요합니다. 예를 들어 비행기를 타면 귀가 아플 수 있습니다. 특히 이륙할 때나 고도를 상승할 때 이런 현상이 발생하기 쉽습니다. 그 이유는 비행기가 상승함에 따라 주변 기압이 낮아지기 때문입니다.

기체의 압력이 낮아지면 그에 반비례해 부피가 증가합니다. 귀 안에도 공기가 들어있으므로 팽창하여 귀의 통증을 유발합니다. 비행기가 날아가는 10km 상공은 기압이 지상의 1/4 정도로 매우 낮아져 있습니다. 이 기압으로는 사람이 견딜 수 없으므로 별도의 압력을 가해 기압을 조절하고 있습니다. 그럼에도 기내의 압력은 지상의 약 0.8배로 떨어집니다. 압력이 낮아지기 때문에 공기의 팽창은 피할 수 없습니다.

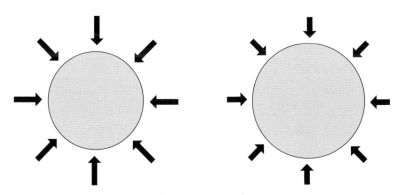

기압이 낮아지면 공기가 팽창함

고층 빌딩의 엘리베이터를 타고 한번에 높은 층으로 올라갈 때도 이런 경험을 할 수 있는데, 이유는 같습니다. 급상승으로 기압이 낮아지면서 귀 안의 공기가 팽창해 아픈 것입니다. 고속으로 이동하는 엘리베이터도 개발되어 있지만, 이를 타면 인체에 여러 가지 부담을 주므로 어느 정도까지만 부담해도 괜찮을지 계산하면서 엘리베이터를 설계합니다. 그 덕분에 사람들이 안심하고 탈 수 있는 엘리베이터가 만들어지는 것입니다.

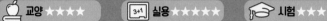
24 기체 분자 운동

눈에 보이지 않는 작은 기체 분자 하나하나의 움직임을 생각해서 기체 전체가 가진 에너지를 간결한 공식으로 표현할 수 있습니다.

분자 하나하나가 충돌하는 운동량의 합이 기체의 압력이 됨

운동량 변화

기체 분자 하나에 초점을 맞춰 생각해 보면, 다음 그림처럼 기체 분자가 벽에 부딪혔을 때 '기체 분자의 운동량 변화 $2mv_x$ = 기체 분자가 벽에서 받는 힘의 곱'이라는 관계가 성립함

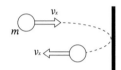

힘의 곱

'기체 분자가 벽에서 받는 힘의 곱'과 '벽이 기체 분자로부터 받는 힘의 곱'은 크기가 같으므로 '기체 분자가 1회 충돌할 때 벽이 받는 힘의 곱 = $2mv_x$'가 됨

기체 분자는 용기의 양쪽 끝을 왕복할 때마다 벽 하나에 1회 충돌하므로 기체 분자가 벽에 충돌하는 횟수는 다음과 같음

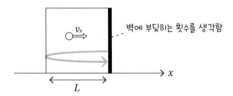

벽에 부딪히는 횟수를 생각함

즉, $2L$의 거리만큼 나아갈 때마다 1회 충돌한다는 뜻임. 기체 분자가 단위시간에 이동하는 거리는 v_x이므로, 단위시간에 충돌하는 횟수는 $v_x/2L$임

기체 전체의 에너지 구하기

Point에서 언급한 논의는 다음처럼 이어집니다.

'힘의 곱' = '힘 × (힘을 받는) 시간'이기 때문에 '단위시간에 받는 힘의 곱' = '받는 힘'임을 알 수 있습니다. 따라서 Point의 고찰을 바탕으로 정리하면 힘의 곱은 다음처럼 구할 수 있습니다.

> 벽이 1개의 분자로부터 받는 힘
> = 벽이 1개의 분자로부터 단위시간에 받는 힘의 곱
> = 1회의 충돌에서 받는 힘의 곱 × 단위시간의 충돌 횟수
> $$= 2mv_x \times \frac{v_x}{2L}$$
> $$= \frac{mv_x^2}{L}$$

여기서 '$v_x^2 = \frac{1}{3}v^2$'이므로 '벽이 1개의 분자로부터 받는 힘 $= \frac{mv^2}{3L}$'입니다. 따라서 벽이 N개의 기체 분자로부터 받는 힘의 크기는 '$F = \frac{Nmv^2}{3L}$'이며, 기체로부터 받는 압력은 다음과 같습니다.

$$p = \frac{F}{L^2} = \frac{Nmv^2}{3L^3} = \frac{Nmv^2}{3V} \quad (V: \text{기체의 부피})$$

이를 변형하면 기체 전체의 운동 에너지는 다음처럼 구할 수 있습니다.

$$\text{기체 전체의 운동 에너지} = \frac{1}{2}mv^2 \times N = \frac{3}{2}pV$$

앞과 같이 기체 분자 하나의 운동을 생각하면 기체 전체의 에너지를 구할 수 있습니다. 열역학에서는 작게 나눠 생각하는 관점이 매우 중요하다는 것을 알 수 있습니다.

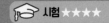

25 열역학 제1법칙

기체의 온도, 부피, 압력 등의 상태량이 변화할 때는 외부와의 열과 일의 교환이 같이 발생합니다.

기체의 내부 에너지를 증가시킬 수 있는 것은 열과 일

열역학 제1법칙

$$\Delta U = Q + W(\Delta U: \text{내부 에너지 증가}, Q: \text{흡수한 열}, W: \text{한 일})$$

앞 식에서 다음을 알 수 있음

- 기체가 외부에서 열량 Q를 받으면 그만큼 기체의 내부 에너지가 증가함
- 기체가 외부에 열량 Q를 주면 그만큼 기체의 내부 에너지는 감소함
- 기체가 외부에서 일 W를 하면 그만큼 기체의 내부 에너지가 증가함
- 기체가 외부에 대해 일 W를 하면 그만큼 기체의 내부 에너지는 감소함

단열 상태에서는 팽창하면 온도가 내려가고 압축하면 온도가 올라감

기체의 내부 에너지는 기체의 절대온도에 비례합니다. 내부 에너지가 증가한다는 것은 기체의 온도가 상승한다는 것을 의미합니다.

기체가 열을 받아 온도가 상승하는 것은 쉽게 상상할 수 있습니다. 하지만 일을 해서 온도가 올라가는 것은 상상하기 어려울 수 있습니다. 물리학에서는 '힘을 가해 무언가를 움직이는 것'을 '일'이라고 합니다. 즉, 기체가 일을 한다는 것은 실제로는 '압축'되는 것을 뜻합니다.

다음 그림과 같은 압축발화기라는 실험기구가 있습니다. 안에 작게 찢어진 종이를 넣고 힘차게 압축하면 발화하여 종이가 타버립니다. 압축하는 작업 때문에 온도가 500℃ 정도까지 올라가는 것입니다.

💻 BUSINESS 엔진 안에서 일어나는 일

기체가 단열된 상태에서 압축되는 현상은 사실 가까운 곳에서 일어납니다. 특히 직접 눈으로 보지는 못하지만, 각종 엔진 안에서 이런 일이 일어납니다. 예를 들어 디젤 엔진에서는 단열 압축 때문에 공기의 온도 상승은 도움을 주는 요소입니다. 디젤 엔진에서 연소하는 것은 휘발유가 아닌 경유(디젤)입니다. 가솔린 엔진에서는 공기와 혼합된 휘발유에 불꽃을 날려 점화시켜 연소시킵니다.

반면 디젤 엔진은 점화 플러그가 없습니다. 경유는 휘발유에 비해 자연발화하기 쉬운 성질이 있습니다. 그래서 굳이 불꽃을 튀기지 않아도 고온을 만들면 자연적으로 연소되는 것입니다. 그래서 디젤 엔진은 공기가 압축되어 고온이 되는 타이밍에 경유를 분사합니다. 그러면 경유가 고온이 되어 발화하는 것입니다.

반대로 단열 상태에서 공기가 팽창하면 온도가 내려갑니다. 이런 일은 주변에서 많이 일어납니다. 기온이 올라 공기가 따뜻해지면 공기는 팽창하고 이때 공기의 밀도는 작아집니다. 밀도가 작아진 공기는 상승하므로 상승기류가 발생하며, 공기가 상승해 고도가 높아지면 주변 기압이 낮아집니다. 따라서 공기는 더 팽창하면서 계속 상승하게 되며, 이때 공기의 온도는 계속 낮아집니다.

공기가 차가워지면 결국 물방울이 나타납니다. 이는 원래 공기 중에 포함되었던 수증기가 액체로 변한 것입니다. 기온이 낮아지면 공기 중에 포함할 수 있는 수증기의 양(포화 수증기량)이 줄어들기 때문에 물방울이 되는 것이며, 이는 구름 탄생의 원리이기도 합니다. 구름은 공기의 단열팽창에 의해 만들어지는 것입니다.

작은 얼음 결정

상승기류

큰 얼음 결정이 떨어지고 비가 됨

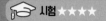

26 열기관과 열효율

자동차 엔진 등 열을 이용해 일하는 장치에서는 효율이 중요합니다. 자원을 효율적으로 활용하려면 어떻게 효율을 높일지가 중요합니다.

! Point 열효율은 흡수하는 열량과 방출하는 열량으로 결정됨

열을 받아 일하는 장치를 열기관이라고 함. 그러나 받은 열을 100% 모두 일로 바꾸는 것은 불가능함. 예를 들어 100의 열을 받아 30을 일로 바꾸면 나머지 70은 쓰지 못하는 열로 버려짐

이때 열기관의 열효율은 다음 식으로 표현함

$$e = \frac{W}{Q_1} = \frac{Q_1 - Q_2}{Q_1}$$

열기관

흡수하는 열 Q_1 W 기체가 밖으로 하는 일

방출하는 열 Q_2

쓰지 못하는 열을 활용해 총 열효율을 높임

한국의 발전은 화력발전에 크게 의존합니다. 천연가스, 석탄, 석유와 같은 화석연료를 태우고 그 열로 터빈을 돌려 전기를 생산하는 것이죠. 그런데 화력발전소 증기 터빈의 열효율은 0.5 정도입니다. 즉, 발생된 열의 절반은 쓰지 못하는 열로 버려지는 것입니다. 참고로 자동차 가솔린 엔진의 열효율은 0.32 이하로 더 낮습니다. 이렇듯 열기관은 에너지를 낭비할 수밖에 없는 구조입니다. 그래서 최근에는 쓰지 못하는 열을 활용하는 연구가 진행 중입니다. 발전소 근처에 온천이나 온수 수영장을 만드는 것이 대표적인 예입니다. 발전소에서 나오는 쓰지 못하는 열을 이용해 온수를 만들 수 있다면 낭비되는 에너지를 효율적으로 사용할 수 있습니다.

최근 저온에서도 발전이 가능한 스털링 엔진이 주목받는 중입니다. 스털링 엔진은 1816년 스코틀랜드의 목사이자 발명가인 로버트 스털링이 발명했습니다. 당시에는 증기 기관이 주류를 이루었으나, 고압의 보일러에서 폭발사고가 빈번하게 발생해 스털링 엔진은 안전한 열기관으로 주목받았습니다. 하지만 고출력의 가솔린 엔진과 디젤 엔진이 발명되면서 출력이 작은 스털링 엔진은 거의 사용되지 않게 되었습니다.

약 200년 동안 활약하지 못했던 스털링 엔진이지만, 300℃ 정도에서 발전기를 운행할 수 있다는 장점이 있습니다. 화력발전에서 증기터빈을 돌릴 때는 증기의 온도를 600℃ 정도로 높여야 한다는 점을 생각하면 상당히 낮은 온도에서 발전할 수 있는 것이죠. 저온에서 발전할 수 있는 스털링 엔진이라면 공장이나 선박 등의 쓰지 못하는 열을 이용해 발전할 수 있습니다. 그래서 지금까지 버려지던 열을 이용해 소규모 발전을 하려는 시도가 확산되고 있습니다.

스털링 엔진은 다음 그림과 같은 구조입니다.

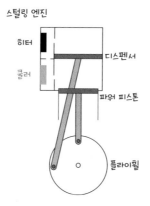

실린더 안에는 고압의 기체가 있습니다. 분자 크기가 작고 열을 전달하기 쉬운 헬륨 기체를 가장 많이 이용합니다. 실린더 내부를 디스펜서로 구분해 한쪽은 히터로 가열하고, 다른 한쪽은 쿨러로 냉각하도록 되어 있습니다. 같은 곳에서 가열과 냉각을 전환해 효율이 더 높아집니다.

다음 그림은 스털링 엔진이 움직이는 구조입니다. 디스펜서를 아래쪽으로 움직였다고 가정해 봅시다. 그럼 쿨러쪽에서 히터쪽으로 기체가 이동합니다.

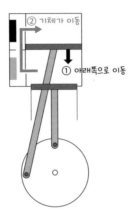

기체의 이동 때문에 고온의 기체가 많아집니다. 기체는 온도가 높아지면 압력도 커지므로 실린더 내부의 기체 전체 압력이 커집니다. 이 압력의 증가는 파워 피스톤을 아래쪽으로 밀어냅니다.

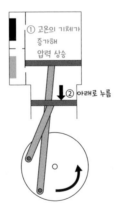

플라이휠은 관성 때문에 계속 회전합니다. 따라서 파워 피스톤과 디스펜서의 움직임이 위쪽으로 바뀝니다.

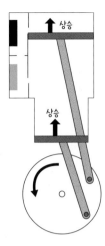

이번에는 히터쪽에서 쿨러쪽으로 기체가 이동합니다. 그리고 실린더 안 전체 기체의 압력이 낮아져 파워 피스톤이 더 위로 올라갑니다.

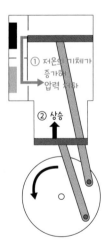

이 과정이 반복되면서 플라이휠은 계속 회전합니다. 이 플라이휠 부분에 자석과 코일을 설치하면 전자기 유도 때문에 전류가 발생합니다.

발전에서 발생하는 열을 급탕이나 냉난방에 재사용하는 등 쓰지 못하는 열을 재사용하는 시스템을 코제너레이션 시스템이라고 합니다. 이 코제너레이션 시스템에 스털링 엔진을 이용하는 개발이 진행 중인 것입니다.

Column

공포를 느끼게 하는 원인은 원심력

고층 건물 등의 엘리베이터는 단시간에 장거리를 이동할 수 있도록 발전하고 있습니다. 이 때 이동 시간을 단축하려면 필수로 가속을 주어야 하는데, 그 여파로 관성력이 커집니다. 엘리베이터는 단순히 속도를 높이면 되는 것이 아니라는 뜻입니다. 그래서 고층 건물의 엘리베이터는 탑승자의 신체가 관성력 때문에 무리가 가지 않도록 설계되어 있습니다.

또한 원운동할 때 느껴지는 원심력도 관성력의 하나입니다. 자동차가 곡선을 그리는 순간도 원운동과 같은 운동(원운동의 일부)이라고 할 수 있습니다. 속도를 내면서 급커브를 돌 때 두려움을 느끼는 이유는 신체가 원심력을 느끼기 때문입니다. 속도가 빨라질수록 원심력도 커집니다.

유원지 놀이기구에도 원심력이 발생하는 것들이 많습니다. 그런데 원심력이 너무 작으면 재미가 없지만, 너무 크면 몸이 견디기 힘듭니다. 상당한 위험을 초래할 수도 있습니다. 이런 점을 계산해서 유원지 놀이기구는 적절한 속도가 정해져 있습니다.

Introduction

소리와 빛도 파동의 일부

우리 주변에는 파동이 많이 존재합니다. 특히 소리와 빛은 생활에 없어서는 안 될 파동입니다. 예를 들어 공기 중에 음파가 전달될 때는 공기 분자가 전달자(매질) 역할을 합니다. 공기 분자가 진동함으로써 소리가 전달되는 것입니다. 따라서 진공 상태에서는 소리가 들리지 않습니다.

그렇다면 같은 파동인 빛은 어떨까요? 빛은 우주 공간과 같은 진공 상태에서도 거침없이 나아갑니다. 파동은 전달자가 있어야 하는데, 빛에는 그에 상응하는 것을 찾지 못했습니다. 참으로 신기한 일이지만, 이것이 빛의 심오함이라고도 할 수 있습니다.

고등학교 물리학에서는 먼저 파동 전반에 성립하는 원리를 배웁니다. 이는 음파나 빛뿐만 아니라 수면을 통과하는 파동, 밧줄을 통과하는 파동 등 모든 파동에 적용할 수 있는 개념입니다.

다음으로 파동 중에서도 특히 친숙한 음파를 알아봅니다. 음파는 이 장에서 설명할 예정인데, 종파라는 점에 주의해야 합니다. 어떤 시험 문제에서 음파와 관련해 잘못된 문제가 출제된 적이 있습니다. 그 오류에도 음파가 종파라는 점과 관련되어 있습니다. 종파는 눈에 보이는 파동이 아닙니다. 그렇기 때문에 오류가 발생하기 쉬웠던 것입니다.

파동의 마지막은 빛에 대해 배웁니다. 앞서 말했듯이 빛은 특별한 존재입니다. 빛의 특성을 이해하면 이를 다양한 산업에 활용할 수 있습니다. 빛의 신비로움은 아인슈타인이 상대성 이론을 발견하게 된 원점이기도 합니다. 우리 주변에서 흔히 볼 수 있는 것이 빛이지만, 자세히 들여다보면 재미있는 현상들이 많습니다.

빛에 대해 생각해 보면 신기한 것을 많이 발견할 수 있습니다 '빛의 속도로 움직이는 사람에게는 어떤 변화가 생길까?', '빛의 속도로 빛을 쫓아간다면 어떻게 될까?', '빛보다 더 빠른 것이 있을까?' 등 빛에 대한 관심은 끝이 없습니다.

이런 궁금증을 풀어가는 과정의 끝에 상대성 이론이 있습니다. 물리학에 관한 시야를 넓히려면 파동을 꼭 알아야 합니다.

광학기기 설계에는 빛의 성질을 필수로 이해해야 합니다. 음향기기 등의 개발이나 콘서트홀의 음향 설계 등에서는 음파의 특성을 알아야 합니다.

파동은 역학과 전자기학 다음으로 시험에 많이 출제되는 주제입니다. 이해하기 어려운 주제라고 생각하겠지만, 전형적인 패턴을 하나하나 차근차근 짚어가다 보면 확실하게 풀 수 있습니다. 그런 의미에서는 배우기 쉬운 주제라고 할 수 있습니다. 제대로 배워 봅시다.

01 파동의 표현 방법

수면 위로 전해지는 파도 등 파형이 눈에 보이는 파동도 있지만, 그렇지 않은 파동도 있습니다. 다양한 파동을 살펴보기 전, 파도의 공통 성질을 확인해 봅시다.

Point 파동은 삼각함수로 표현됨

매질

파동을 전달하는 것을 매질이라고 함. 파동이 일정한 방향으로 전달될 때 매질은 그 자체가 이동하는 것이 아니라 같은 자리에서 진동을 반복할 뿐임. 매질이 타이밍을 엇갈리게 해 서서히 진동함으로써 전체적으로 파동이 전달됨

횡파
매질의 진동 방향
파동의 진행 방향

매질이 진동하는 데 걸리는 시간과 횟수

매질이 1회 진동하는 데 걸리는 시간을 주기 T, 1s당 진동 횟수를 진동수 f라고 함. 양자는 '$f = 1/T$'처럼 역수 관계임. 매질이 1회 진동하면 파형 1개만큼 이동함

파형 1개의 길이

파형 1개의 길이는 파장 λ이라고 함. 즉, 주기 T만큼 경과하면 파장 λ의 거리만큼 파동이 진행하며, 파동이 전달되는 속도 v는 '$v = \lambda/T$'로 구할 수 있음. 또한 파동의 진폭 A(매질의 진폭: 원래 위치에서 진동 끝까지의 거리)를 이용하면 시각 t에서의 변위는 다음과 같음

$$y = A\sin\frac{2\pi}{T}t \text{ (시각 } t = 0\text{이고 위상 0에서 출발한 경우)}$$

여기서 sin○의 ○(각도에 해당)을 위상이라고 함

파동을 그래프로 표현할 때는 가로축에 주의해야 함!

음파의 파형을 오실로스코프로 분석하거나, 지진의 흔들림을 파형으로 표현하는 등 파동을 나타내는 그래프는 다양한 분야에서 활용됩니다. 이때 가장 중요한 점은 '횡축이 무엇인가'라는 것입니다.

파동을 그래프로 나타낼 때 가로축을 '위치 x'로 하는 경우와 '시각 t'로 하는 경우가 있습니다. 오른쪽 그림은 가로축이 '위치 x'인 그래프입니다.

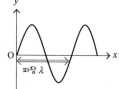

앞 그래프의 핵심은 어느 한 시각을 대상으로 그린 점이라는 것입니다. 어느 한 순간에 각 위치의 변위가 어떻게 되었는지를 보여주는 것입니다. 마치 바다의 파도가 움직이는 모습을 1장의 사진에 담은 것과 같습니다. 이때 그림 속 '↔'의 길이는 파동의 파장을 나타냅니다. 앞 그래프는 파형 자체를 나타내므로 파동 1개의 길이가 파장에 해당되는 것입니다.

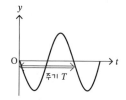

다음으로 가로축이 '시각 t'인 그래프를 살펴봅시다.

앞 그래프는 어느 한 위치를 대상으로 그린 점이라는 것에 주목할 필요가 있습니다. 한 점이 시간에 따라 변위가 어떻게 변하는지를 나타내는 것입니다. 바로 단진동의 모습 그 자체를 보여줍니다. 이때 그림 속 '↔'의 길이는 파동의 파장이 아닙니다. 이런 파형 그래프를 보면 ↔ 부분이 파장을 나타내는 것처럼 보일 것입니다. 하지만 가로축이 '시각 t'이므로 길이를 나타낼 수 없습니다. ↔의 길이는 파동의 주기를 나타냅니다. 즉, ↔의 길이를 읽으면 한 번 진동하는 데 얼마나 오랜 시간이 걸리는지 알 수 있습니다.

이처럼 파동 그래프를 다룰 때는 횡축이 무엇을 나타내는지 먼저 확인합니다. 그렇지 않으면 아무리 그래프가 있어도 무엇을 나타내는지 제대로 알 수 없습니다.

 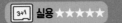 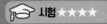

02 종파와 횡파

매질의 진동이 전달되는 파동의 전달 방식은 두 가지가 있습니다. 그 차이가 파동의 종류를 구분하는 기준이 됩니다.

Point 1. 소밀파를 만드는 것은 종파임

보통 '파동'이라고 하면 밧줄을 흔들어 오른쪽 그림처럼 진동하는 모습을 떠올림

하지만 앞 그림과 다른 파동도 존재함. 예를 들어 수평 상태의 스프링 끝을 좌우로 흔들면 스프링은 다음 그림처럼 진동함

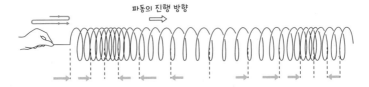

이때 겉으로 보기에는 '파형'을 상상할 수 없음. 하지만 진동이 시간 차이를 두고 전달되는 것에는 변함이 없으며, 이것도 파동임. 이처럼 파동에는 다음 두 가지 종류가 있음

- 횡파 = 매질의 진동 방향과 파동의 전달 방향이 수직인 파동
- 종파 = 매질의 진동 방향과 파동의 전달 방향이 평행한 파동

종파가 발생했을 때 어느 한 지점에 주목하면 파동의 간격이 '드문드문한' 상태와 '촘촘한' 상태를 반복한다는 것을 알 수 있음. 그리고 종파가 전파되는 모습은 드문드문하다는 것도 알 수 있음. 따라서 종파는 소밀파라고도 함

지진에서 두 가지 종류의 흔들림이 발생하는 이유

빛은 횡파고 음파는 종파입니다. 공기가 소리가 전달되는 방향과 같은 방향으로 진동하는 것이기 때문에 종파인 것입니다. 이처럼 파동의 종류에 따라 보통 종파인지 횡파인지 정해져 있습니다.

하지만 수면파처럼 그 어느 쪽이라고도 할 수 없는 파동도 있습니다. 수면파는 매질인 물이 다음 그림처럼 진동하는 것으로 알려져 있습니다.

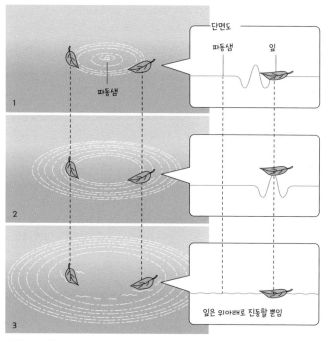

수면 파동의 모습

수면파가 전달될 때 물은 원을 그리며 진동합니다. 파동의 진행 방향에 수직 방향과 평행한 방향으로 진동하는 것입니다.

지진이 발생하면 종파와 횡파가 모두 발생하는 것으로 알려져 있습니다. 종파는 P파라고 하며, 먼저 전달되는 파동입니다. 횡파인 S파는 뒤늦게 전달됩니다. P파가 전달되는 초기에는 미세한 진동이 시작되는데, 지면에 거의 수평으로 전달되므로 크게 흔들리지 않습니다.

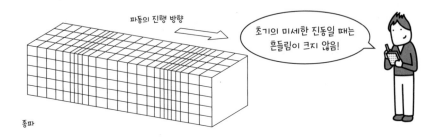

반대로 S파가 전달되면 주충격(principal shock)이라는 흔들림이 시작되는데, 지면에 수직 방향, 즉 위아래로 진동하는 파동이므로 흔들림이 심해집니다.

BUSINESS **지구의 내부 모습을 상상함**

P파와 S파의 차이는 파동의 크기만 있는 것이 아닙니다. 전달되는 영역에도 차이가 있습니다. 지구의 내부는 대략 다음 그림과 같습니다.

여기서 종파인 P파는 고체, 액체, 기체 모두에 전달될 수 있습니다. 따라서 지구의 내부 어디까지든 전달될 수 있습니다. 지구 반대편에서 지진이 일어나도 P파라면 (미약하게나마) 관측할 수 있는 것입니다. 하지만 횡파인 S파는 고체 내부에만 전달됩니다. 지구 내부의 액체로 이루어진 부분에는 전달되지 않습니다.

이 두 가지 성질의 차이를 잘 활용하면 실제로 관측한 적이 없는 지구 내부의 모습을 앞 그림처럼 상상할 수 있습니다. 참고로 지구 내부의 자세한 모습은 다음 그림과 같습니다.

지구 내부 구조

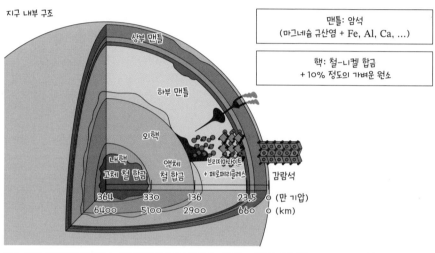

출처: 일본 국립대학부설연구소·센터협의회 「미지의 영역에 도전하는 지식의 개척자들 vol. 55」. http://shochou-kaigi.org/interview/interview_55/

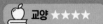  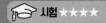

03 파동의 중첩

한 지점에 여러 개 파동이 동시에 몰려오면 어떻게 될까요? 물체 여러 개는 한 지점에 동시에 존재할 수 없지만, 파동에서는 그런 일이 일어날 수 있습니다.

1. Point 파동의 변위는 합산됨

파동의 중첩

어떤 지점에 파동 1의 변위 y_1과 파동 2의 변위 y_2가 동시에 오면, 그 지점의 변위는 '$y = y_1 + y_2$'가 됨. 이를 파동의 중첩이라고 함. 파장, 진폭, 주기가 같은 두 정현파(sine wave)가 직선을 따라 역방향으로 움직이다가 겹치면 다음과 같은 합성파가 생김

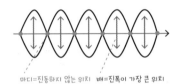

마디=진동하지 않는 위치   배=진폭이 가장 큰 위치

정상파

이 합성파는 오른쪽이든 왼쪽이든 진행하지 않는 것처럼 보이므로 정상파(정지 파동)이라고 함. 정지 파동 중에서 크게 진동하는 위치를 배, 전혀 진동하지 않는 위치를 마디라고 함

충격파가 발생하지 않는 설계

파동의 중첩은 다양한 상황에서 발생합니다. 예를 들어 2013년 러시아 우랄 지역에 발생한 운석 낙하 및 폭발의 피해는 반경 100km에 달했습니다. 이는 음속을 넘어 떨어진 운석의 충격파가 발생했기 때문입니다.

충격파는 음속(약 340m/s)을 넘어가는 물체 때문에 생성됩니다.

물체의 속도 V > 음속 v일 때

시각 O

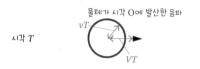

시각 T

처음에는 왼쪽 그림과 같은 파면이 생깁니다.

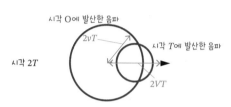

시각 $2T$

다음에 발생하는 파면의 중심 위치가 어긋나 있습니다.

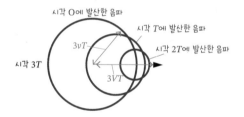

시각 $3T$

중심 위치가 어긋난 파면이 다수 겹치면 충격파가 발생합니다.

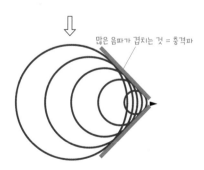

앞 그림은 많은 음파가 발생해 겹치면서 강한 충격(충격파)이 만들어지는 모습입니다. 충격파가 발생하면 폭음이나 폭발음이 발생합니다.

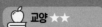

04 파동의 반사, 굴절, 회절

파동은 계속 직진하는 것이 아닙니다. 무언가에 부딪혀 튕기기도 하고, 전달되는 장소가 바뀌어 구부러지기도 하고, 다시 퍼져나가기도 합니다.

Point

파동의 굴절은 매질이 바뀔 때만 일어남

반사의 법칙

파동은 무언가에 부딪혀 반사될 수 있음. 이때 다음과 같은 반사의 법칙이 성립함

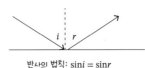

반사의 법칙 : $\sin i = \sin r$

반사의 법칙: $\sin i = \sin r$

굴절

파동이 한 매질에서 다른 매질로 이동할 때 진행 방향이 바뀜. 이 현상을 굴절이라고 하며, 다음 소개하는 굴절의 법칙을 만족하는 방향으로 나아감

굴절의 법칙 :
$$\frac{\sin i}{\sin r} = \frac{v_1}{v_2} = \frac{\lambda_1}{\lambda_2} = \frac{n_2}{n_1}$$

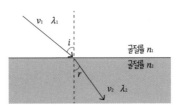

회절

파동이 판의 간격이나 물체를 향해 나아갈 때, 파동은 판의 간격나 물체의 가장자리에서 돌고 돌아서 퍼져나감. 이 현상을 회절이라고 함. 파동의 파장보다 간격이나 물체의 크기가 작을수록 회절이 두드러짐

겨울밤에 멀리서 소리가 들리는 이유

수면파는 수심이 깊은 곳일수록 빠르게 전달되는 특성이 있습니다. 따라서 파도는 해안에 가까워질수록 천천히 밀려옵니다. 그래서 '파도가 해안선과 평행하게 밀려온다'는 말이 나옵니다.

원래 파도는 해안을 향해 여러 방향에서 밀려옵니다. 그런데 해안 근처에서는 반드시 해안선과 평행하게 다가옵니다. 생각해보면 신기한 일입니다. 그 이유는 다음 그림과 같습니다.

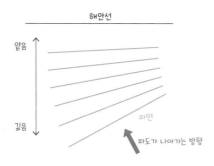

앞 그림에서 파면의 오른쪽은 얕은 곳을, 왼쪽은 깊은 곳의 파동을 전달합니다. 그러면 깊은 쪽의 파동이 더 빠르게 전달되므로 그림처럼 파면의 방향이 바뀝니다. 그 결과 파면은 점차 해안선과 평행합니다. 이것이 파도의 전달 방향이 바뀌는 굴절 현상입니다. 어떤 방향에서 파도가 진행하든 굴절 때문에 결국 해안선과 평행하게 되는 것입니다.

공기 속에서는 비슷한 현상으로 음파의 굴절이 일어납니다. 음속은 기온이 높을수록 커집니다. 상공으로 갈수록, 기온이 높아질수록 소리는 다음 그림처럼 굴절됩니다.

이런 상황이 발생하기 쉬운 시기가 바로 겨울밤입니다. 겨울밤에는 복사열이 발생해 열이 상공으로 빠져나가므로 상공으로 올라갈수록 기온이 높아집니다. 그럼 지상에서 발생한 소리가 굴절되어 멀리까지 전달되기 쉽습니다.

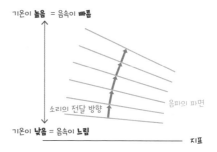

05 파동의 간섭

파동의 중첩이 일어날 때, 어떤 곳은 항상 서로를 강하게 하는 반면, 다른 곳은 항상 서로를 약하게 하는 현상이 발생합니다.

두 파동의 위상이 일치하면 서로 강해지고, 위상이 반대이면 서로 약해짐

어떤 지점에 파동 2개가 동시에 오면 두 파동은 중첩이 발생함. 이때 두 파동이 서로 강해져서 크게 진동할 수도 있고, 서로 약해져서 진동하지 않을 수도 있음. 이를 파동의 간섭이라고 함

두 파동이 어떻게 간섭하는지는 다음처럼 결정됨

• 두 파동이 가장 강하게 부딪히는 지점: 두 파동원과의 거리 차이 = 파장 × 정수
• 두 파동이 가장 약해지는 지점: 두 파동원과의 거리 차이 = 파장 × (정수 + 1/2)

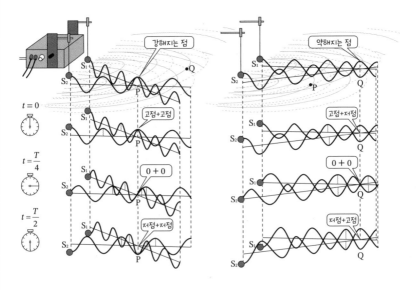

예를 들어 두 정현파가 겹쳐서 정상파(03 참고)를 만들 때, 정상파의 배는 두 파동이 서로 강해지는 지점, 마디는 두 파동이 서로 약해지는 지점임

파동의 간섭을 이용해 소음을 제거함

지구에는 빛, 음파, (눈에 보이지 않는) 전파 등 다양한 파동이 있습니다. 그런데 예를 들어 여러 개의 전파가 동시에 날아오면 간섭을 일으킵니다. WiFi 등의 보급으로 전파는 점점 더 많아지는 중이며, 전파의 간섭이 잡음 등의 원인이 되기도 합니다.

반면 간섭을 이용해 소음을 없애는 방법도 있습니다. 소음은 교통망이 크게 발달한 현대에는 큰 문제며, KTX나 고속도로 주변에 사는 사람들은 소음에 시달릴 때가 많습니다. 이러한 소음 대책으로 방음벽을 설치한 곳이 많은데, 이것만으로는 완벽하게 소음을 막기 어렵습니다. 사실 가장 효과적인 소음 대책은 소리의 간섭을 이용하는 방법입니다.

음파가 간섭해 서로를 강하게도 하지만, 다음 그림과 같은 위상 관계가 되면 서로를 약하게도 합니다. 두 음파의 위상이 정반대고 진폭이 같다면 두 음파는 서로 상쇄되어 사라집니다.

없애고 싶은 소리(소음)

인위적으로 발생시킨 소리

각각의 장면에서 어떤 소음이 발생하는지 분석한 후 해당 소음과 정확히 역위상의 음파를 인위적으로 발생시키는 것입니다.

BUSINESS 노이즈 캔슬링의 동작 방식

간섭을 이용해 소음을 없애는 방법은 이어폰에도 활용됩니다. 비행기에서 음악 등을 들을 때 비행기 엔진 소리가 방해되는 상황이 있습니다. 이때 엔진 소리를 마이크로 모은 후, 전기 회로를 이용해 순간적으로 역위상의 음파를 발생시켜 엔진 소리를 상쇄하는 것입니다. 그럼 비행기 안에서도 편안하게 음악을 들을 수 있습니다.

이 원리를 노이즈 캔슬링이라고 합니다. 소리를 추가해 소리를 없애는, 신기하게 느껴지지만 파동의 성질을 잘 이용한 방법입니다.

 교양 ★★★　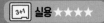 실용 ★★★★　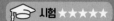 시험 ★★★★★

06 음파

공기 중에 전달되는 음파는 종파입니다. 즉, 음파는 공기의 밀도 변화(압력 변화)가 전달되는 것입니다.

Point 소리의 높이는 진동수로 결정됨

음파는 공기 중을 약 340m/s의 속도로 전달됨. 정확히 표현하면 다음 식과 같음

$$V = 331.5 + 0.6t \, (V: 음속, \ t: 온도(℃))$$

따라서 음파는 기온에 따라 약간 변화함

음파는 공기가 아닌 다른 매질 속에서도 전달되며, 고체 속을 통과할 때가 가장 빠름. 예를 들어 철을 통과할 때는 6000m/s 정도임. 액체인 물을 통과하는 속도는 1500m/s 정도임. 기체 속에서는 가벼운 기체일수록 빠르게 전달되며, 헬륨 기체 속에서는 970m/s 정도임

소리의 높낮이는 진동수(1초 동안 매질이 진동하는 횟수)의 차이에 따라 달라짐. 진동수가 클수록 높은 소리며, 사람은 대략 20~20000Hz의 범위를 들을 수 있음

들리지 않는 소리도 도움이 됨

진동수가 20000Hz보다 높은 소리는 초음파라고 하며, 사람에게 들리지 않습니다. 귀로 들을 수 없는 초음파는 다양한 용도로 활용됩니다.

예를 들어 안경이나 금속 표면 등의 세척입니다. 세척하려는 물건을 물속에 넣고 초음파를 발생시킵니다. 초음파는 1초에 2만 번 이상 진동을 일으키므로 그 강한 진동으로 먼지를 제거할 수 있습니다. 컵라면 제조에서 용기에 뚜껑을 붙일 때 초음파가 활용됩니다. 뚜껑을 붙일 때 접착제 등을 사용하지 않고, 접촉면에 초음파를 쏴서 붙입니다. IC(집적회로)의 미세한 도선을 연결할 때, 인체 내부 장기에 초음파를 보내고, 반사된 초음파를 분석해 그 상태를 알아볼 때도 초음파를 활용합니다.

사람이 들을 수 없는 초음파를 들을 수 있는 동물이 초음파를 활용하기도 합니다. 박쥐는 스스로 5만~10만 Hz의 초음파를 내뿜습니다. 그리고 그 소리가 반사되어 돌아오는 시간으로 물체까지의 거리를 파악합니다. 가까이 있는 물체에서 반사되는 소리는 강하기 때문에 반사되는 소리의 강도로도 거리를 알 수 있는 것입니다. 또한 움직이는 벌레 등에 초음파가 부딪혀서 되돌아오면 도플러 효과(08 참고) 때문에 초음파의 진동수가 변합니다. 이 진동수의 변화로 벌레 등의 속도를 측정할 수도 있습니다.

돌고래도 스스로 초음파를 발산하고 소리를 들을 수 있는 동물입니다. 수족관의 돌고래가 수조 벽에 부딪히지 않는 것은 벽에서 반사되는 초음파를 듣기 때문입니다.

진동수가 낮은 소리도 듣지 못함

반대로 20Hz보다 진동수가 낮은 소리를 저주파라고 하며, 이 역시 사람이 들을 수 없습니다. 예를 들어 헬리콥터 프로펠러가 회전하기 시작할 때, 처음 천천히 회전할 때는 소리가 들리지 않습니다. 프로펠러의 회전수가 증가해야 큰 소리가 들립니다.

사실 프로펠러가 천천히 회전할 때도 소리가 나기는 합니다. 속도에 관계없이 프로펠러가 회전하면 주변 공기가 진동해 소리가 발생하기 때문입니다. 하지만 회전이 느린 동안에는 발생되는 소리의 진동수가 작으므로 소리가 들리지 않는 것입니다. 회전이 시작될 때는 사람이 들을 수 없는 저주파가 발생하는 것입니다.

저주파는 들리지 않을 뿐이지 우리 주변 곳곳에 많이 발생합니다. 예를 들어 사람의 피부는 마이크로 바이브레이션이라는 미세한 진동을 합니다. 8~12Hz의 미약한 저주파가 항상 인체에서 발산됩니다.

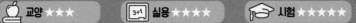

07 현, 관, 기의 진동

아름다운 음색을 내는 악기에는 여러 가지 종류가 있습니다. 크게 현악기와 관악기로 나뉘며, 특정 진동수의 진동이 발생해 음파를 만들어 냅니다.

Point 고유 진동의 중첩으로 음색이 만들어짐

양 끝을 고정하고 팽팽하게 당긴 현의 중앙부를 연주하면 현은 특정 진동수로 진동함

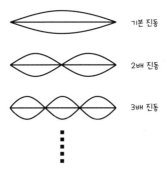

기본 진동

2배 진동

3배 진동

현에는 앞 그림 같은 여러 개의 정상파가 발생함. 위에서부터 순서대로 **기본 진동, 2배 진동, 3배 진동, ……**이라고 함. 정상파가 발생하는 이유는 파장이 짧아질수록 진동수가 커지기 때문임. 진동수가 기본 진동의 몇 배인지에 따라 각 진동의 이름이 정해져 있음

현의 길이를 L이라면 기본 진동의 파장은 $2L$이므로 $v = f\lambda$보다, '진동수 $f = v/2L$'로 기본 진동의 진동수를 구할 수 있음. 2배, 3배 진동, ……도 앞 식을 기준으로 구할 수 있음. 실제로 현을 진동시키면 여러 가지 진동수의 음파가 동시에 발생하며, 그 중첩 때문에 악기 특유의 음색이 만들어짐

관은 관의 양쪽 끝이 열려 있는 경우(관 열림)와 한쪽이 닫혀 있는 경우(관 닫힘)에 따라 다음 그림처럼 정상파에 차이가 있다는 점에 주의해야 함

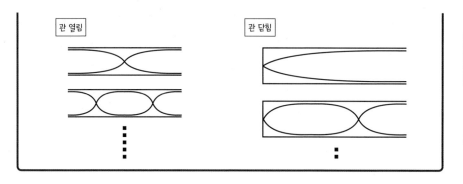

몸이 크면 목소리가 낮은 이유

보통 체격이 큰 남성은 목소리가 낮은 경우가 많습니다. 이 또한 기의 공명으로 이해할 수 있습니다. 사람이 목소리를 내는 구조는 다음 그림과 같습니다.

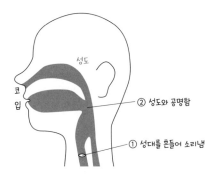

성도(vocal tract)는 일반적으로 남성이 더 깁니다. 또한 몸이 클수록 그에 맞게 성도가 길어질 때가 대부분입니다. 즉, 몸이 큰 남성은 성대에서 내는 소리를 공명시키는 기둥이 길어지므로 진동수가 작은(낮은) 소리가 되는 것입니다. 보통 체격이 큰 남성의 목소리가 낮게 들리는 이유입니다.

참고로 남자아이가 어른의 몸으로 변할 때, 후두가 앞으로 튀어나옵니다. 이때 성대에 끌려 성도가 길어지면서 변성(목소리가 낮아지는 것)하는 것입니다.

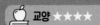 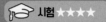
08 도플러 효과

음파를 발생시키는 물체가 이동하면 원래의 소리에서 높이가 달라져 들립니다. 이 현상을 도플러 효과라고 하며, 우리 주변에서도 발생합니다.

> **Point**
>
> ## 소리의 진동수가 변하는 것은 파장이 변하기 때문임
>
> `도플러 효과`
>
> 도플러 효과는 소리의 높낮이(진동수)의 변화로 관찰되며, 원인은 음파의 파장 변화에 있음. 도플러 효과를 제대로 이해하려면 먼저 **파장의 변화**를 알아야 함
>
>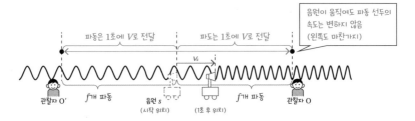
>
> `전방/후방 파장`
>
> 앞 그림에서 이동하면서 음파를 발산하는 음원의 파장은 다음 식으로 표현할 수 있음
>
> - 전방 파장 $\lambda' = \dfrac{V - v_s}{f}$
>
> - 후방 파장 $\lambda'' = \dfrac{V + v_s}{f}$
>
> `음원의 앞/뒤에서 들리는 진동수`
>
> 음원이 움직여도 음파가 전달되는 속도 V는 변하지 않으므로 진동수는 다음과 같이 표현함
>
> - 음원의 앞쪽에서 들리는 진동수 $f' = \dfrac{V}{\lambda'} = \dfrac{V}{V - v_s}$
>
> - 음원의 뒤쪽에서 들리는 진동수 $f'' = \dfrac{V}{\lambda''} = \dfrac{V}{V + v_s}$

도플러 효과를 이용한 기상 관측

도플러 효과를 가장 잘 경험할 수 있는 것은 구급차 사이렌 소리입니다. 자신이 있는 위치에서 구급차가 다가올 때 사이렌 소리가 더 크게 들립니다. 그리고 멀어질 때는 작게 들립니다.

도플러 효과의 본질은 파장의 변화입니다. 음파가 아닌 다른 파동에서도 발생하기 때문입니다. 예를 들어 천체 관측에서는 천체에서 나오는 빛의 파장이 변하지 않았는지 확인합니다. 이때 본래의 파장보다 짧아졌다면, 그 천체는 지구에 가까워진다는 뜻입니다. 반대로 파장이 길어지면 멀어진다는 뜻입니다.

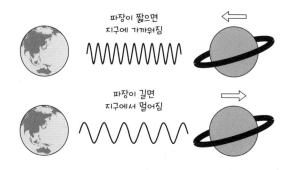

파장이 짧으면
지구에 가까워짐

파장이 길면
지구에서 멀어짐

📺 BUSINESS 기상 관측에 도플러 효과 활용

재난에 대응하는 데 기상 관측의 중요성이 커지고 있습니다. 여기서도 도플러 효과가 도움이 됩니다. 기상 관측에는 기상 레이더가 사용됩니다. 이는 마이크로파라는 짧은 파장의 전파를 발사하는 장치입니다. 기상 레이더에서 구름을 향해 마이크로파를 노출한 후 반사되어 돌아오는 마이크로파의 파장을 측정하는 것입니다.

만약 구름이 레이더에 접근하는 방향으로 움직인다면, 반사되는 마이크로파의 파장이 짧아질 것입니다. 반대로 멀어진다면 파장이 길어지고 있을 것입니다. 또한 파장의 변화 정도를 조사하면 구름이 얼마나 빠른 속도로 움직이는지도 알 수 있습니다. 이런 방식으로 상공에서 부는 바람의 속도를 알 수 있습니다.

  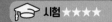

09 빛

우리가 무언가를 볼 수 있는 것은 모두 빛 덕분입니다. 하지만 빛의 성질을 제대로 이해하지 못하면 생각지도 못한 함정에 빠질 수 있습니다.

인간이 볼 수 있는 것은 극히 일부의 빛

사람이 볼 수 있는 빛을 가시광선이라고 함. 이는 파장이 대략 3.8×10^{-7}~7.7×10^{-7}m인 빛임. 이 중 파장이 긴 쪽부터 '빨강, 주황, 노랑, 초록, 파랑, 보라'와 같이 색이 변함

하지만 세상에 존재하는 빛이 가시광선만 있는 것은 아님. 다음 표처럼 매우 다양한 파장의 빛이 존재함

	명칭	파장	주파수
전파 (마이크로파)	VLF(초장파)	10~100km	3~30kHz
	LF(장파)	1~10km	30~300kHz
	MF(중파)	100m~1km	300~3,000kHz
	HF(단파)	10~100m	3~30MHz
	VHF(초단파)	1~10m	30~300MHz
	UHF(극초단파)	10cm~1m	300~3,000MHz
	SHF(센티미터파)	1~10cm	3~30GHz
	EHF(밀리미터파)	1mm~1cm	30~300GHz
	서브밀리파	100μm~1mm	300~3,000GHz
	적외선	770nm~100μm	3~400THz
	가시광선	380~770nm	400~790THz
	자외선	~380nm	790THz~
	X선	~1nm	30PHz~
	γ파	~0.01nm	3EHz

인간이 볼 수 있는 빛은 극히 일부임

Point의 표에 나열된 빛 중 인간이 볼 수 있는 빛은 극히 일부에 불과합니다. 파장이 다양하더라도 모든 빛의 공통점은 전파 속도입니다. 빛은 약 3.0 × 108m/s의 속도로 나아갑니다. 이는 1초에 지구를 7바퀴 반 돌 수 있는 속도이며, 세상에서 가장 빠른 속도입니다.

우리가 보는 것은 모두 과거의 것들임

우리가 보는 것은 모두 과거의 것들입니다. 밤하늘에는 수많은 별들이 반짝반짝 빛나고 있지만, 그중에는 수억 년 전에 방출된 빛도 있고, 더 이상 존재하지 않는 별의 빛도 포함되어 있습니다. 태양광도 약 8분 20초 전에 방출된 빛입니다. 우리는 실시간의 태양을 볼 수 없고, 8분 20초 전의 태양만 볼 수 있는 것입니다.

눈앞에 있는 사람을 볼 때도 아주 조금이지만 빛이 전달되는 시간만큼 과거를 보는 것입니다. 하지만 이런 시차는 정말 미세한 차이일 뿐, 오히려 빛이 눈에 들어온 후 뇌에서 처리하는 데 더 오랜 시간이 걸립니다. 사람은 이러한 뇌의 처리 때문에 발생하는 인식 시간 차이를 보정하는 플래시 래그 효과(flash lag effect)라는 메커니즘이 있습니다. 다음 그림을 예로 설명하겠습니다.

A

관찰자

관찰자 앞을 지나가는 물체가 있고, 물체가 위치 A에 있을 때의 빛을 보고 관찰자가 물체를 인식했다고 가정해 봅시다. 이때 뇌의 처리 때문에 인식하기까지 약간의 시간이 걸립니다. 즉, 관찰자가 물체를 인식하는 순간, 물체는 A보다 앞쪽에 있습니다.

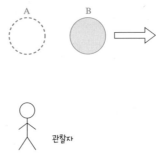

관찰자가 'A에 있다'고 인식할 때, 물체는 실제 B 위치에 있음

이처럼 뇌에서 정보를 처리하는 데 시간이 걸리기 때문에 움직이는 물체의 위치를 실시간으로 정확하게 인식할 수 없습니다. 하지만 사람은 이를 보정할 수 있는 능력이 있습니다. 움직이는 속도에 따라 도착한 빛의 정보보다 조금 더 앞에 물체가 있다고 인식하는 것입니다(이는 무의식적으로 이루어집니다). 이것이 바로 플래시 래그 효과입니다.

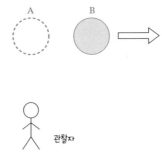

물체 A에서 온 빛을 보고 'B에 있다'고 인식하는 것 = 플래시 래그 효과

이는 사람의 인식에 무의식적으로 착시가 발생한다는 것을 알 수 있는 예입니다. 물리학이 이런 인식에 영향을 미친다는 것이 흥미롭습니다.

🖥 BUSINESS 오프사이드의 대부분이 오심?

플래시 래그 효과는 우리가 움직이는 물체의 위치를 정확하게 파악하는 데 도움이 되기도 하지만, 문제가 되기도 합니다. 축구의 오프사이드 오심이 대표적인 예입니다.

플래시 래그 효과는 움직이는 물체에만 작용합니다. 정지된 물체는 인식에 시간차가 있더라도 위치가 변하지 않으므로 문제가 되지 않기 때문입니다. 따라서 움직이는 물체와 정지된 물체를 동시에 볼 때 관찰자는 다음 그림처럼 인식합니다.

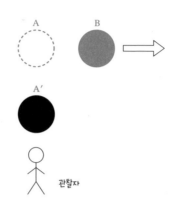

두 물체가 위치 A와 A′에 있는 순간에 방출된 빛을 보면,
관찰자는 두 물체가 위치 B와 A′에 있다고 인식함

플래시 래그 효과는 움직이는 물체에만 작용하기 때문에 실제로는 같은 시각에 바로 옆에 있어도 한쪽만 앞으로 튀어나온 것처럼 보이는 것입니다. 축구의 경우 앞 그림에서 파란색은 공격수, 검은색은 수비수에 해당합니다. 실제로는 오프사이드가 아닌데도 오프사이드처럼 보이는 것입니다.

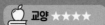 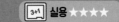

10 렌즈의 결상

카메라 등 광학기기에서 빼놓을 수 없는 것이 바로 렌즈입니다. 렌즈는 어떤 작용을 하는지 알아봅시다.

Point 렌즈가 만드는 이미지에는 두 가지가 있음

볼록렌즈를 사용하면 다음 그림처럼 '상(image)'을 만들 수 있음

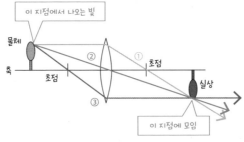

이때 실제로 빛이 모여서 상이 만들어짐. 그래서 이런 이미지를 실상이라고 함

실상이 만들어지는 원리

실상(real image)이 만들어지는 원리를 이해하는 핵심은 다음 세 가지입니다.

• 광축에 평행한 빛은 굴절되어 초점을 통과함

• 렌즈의 중심을 통과한 빛은 직진함

• 초점을 통과한 빛은 광축과 평행하게 나아감

허상이 만들어지는 원리

오목렌즈를 이용해 다음 페이지와 같은 상을 만들 수도 있습니다.

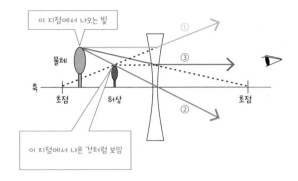

이때 상이 있는 위치에 실제로 빛이 모이는 것이 아닙니다. 단지 그곳에 상이 있는 것처럼 보일 뿐입니다. 그래서 허상(virtual image)이라고 합니다. 핵심은 다음 세 가지입니다.

- 광축과 평행한 빛은 초점을 통과한 것처럼 보임
- 렌즈의 중심을 통과한 빛은 직진함
- 초점을 향해 진행하던 빛이 광축과 평행하게 나아감

두 가지 렌즈의 특징을 결합함

렌즈에 따라 어떤 위치에 어느 정도 크기의 상을 만들 수 있는지는 다음 렌즈의 공식으로 구할 수 있습니다.

$$\frac{1}{a} + \frac{1}{b} = \frac{1}{f}$$

a : 렌즈와 물체의 거리(볼록렌즈: +로 함, 오목렌즈: −로 함)

b : 렌즈와 상의 거리(+가 되면 실상, −가 되면 허상)

f : 초점거리

배율 $= \left| \dfrac{b}{a} \right|$

이를 사용하면 다음과 같은 상황을 자연스럽게 생각할 수 있습니다.

초점거리 10cm의 볼록렌즈가 있습니다. 이 렌즈의 전방 20cm 위치에 광축에 수직인 20cm 높이의 물체가 서 있습니다. 다음 각 질문에 답하시오.

① 물체의 상이 맺히는 위치를 답하세요(렌즈의 앞쪽인지 뒤쪽인지도 답하시오).

② ①의 상이 실상인지 허상인지 답하세요.

③ ①의 상의 크기를 구하세요.

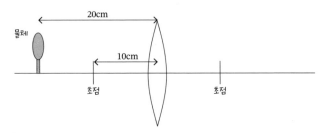

① 렌즈의 공식을 이용하여 $\dfrac{1}{20} + \dfrac{1}{b} = \dfrac{1}{10}$

  즉, $b = 20$cm고 $b > 0$이므로 실상이며, 위치는 렌즈의 뒤쪽임.

② 실상

③ 배율 = $\left| \dfrac{b}{a} \right| = \dfrac{20}{20} = 1$

  즉, 상의 크기는 물체의 크기와 같고 20cm임

BUSINESS 인간이 사물을 볼 수 있는 메커니즘

사람에게 가장 친숙한 렌즈는 눈 속에 있는 수정체입니다. 인간이 물체를 볼 수 있는 것은 눈에 들어온 빛을 수정체에서 굴절시켜 망막에 상을 맺어주기 때문입니다.

그런데 망막보다 상이 앞쪽에 결상할 때와 뒤쪽에 결상할 때가 있기 때문에 선명하게 볼

수 없습니다. 전자를 근시, 후자를 원시라고 합니다.

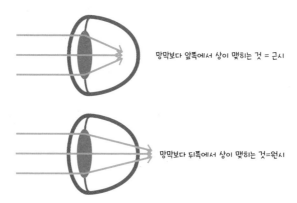

망막보다 앞쪽에서 상이 맺히는 것 = 근시

망막보다 뒤쪽에서 상이 맺히는 것=원시

근시와 원시에서는 반대 현상이 일어나므로 이에 대응하는 방법은 반대입니다. 근시는 결상 위치를 더 뒤쪽으로, 원시는 더 앞쪽으로 결상하도록 해야 합니다. 그래서 근시용 렌즈(안경이나 콘택트렌즈)에는 오목렌즈를 사용합니다. 오목렌즈의 작용으로 결상 위치를 뒤쪽으로 이동시킬 수 있기 때문입니다.

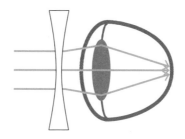

반대로 원시용 렌즈에는 볼록렌즈를 사용합니다. 볼록렌즈의 작용으로 결상 위치를 앞으로 이동시키는 것입니다.

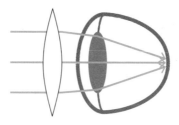

최근 유행하는 원근용 렌즈는 두 가지를 조합해 근시와 원시에 대응하도록 합니다.

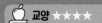 
11 빛의 간섭

빛은 파동이므로 간섭을 일으킵니다. 이 성질을 잘 이용하면 빛의 에너지를 최대한 활용할 수 있습니다.

Point 빛의 간섭은 패턴별로 이해함

빛이 간섭하는 대표적인 패턴은 다음처럼 정리할 수 있음

토머스 영의 실험(빛의 간섭을 최초로 발견한 실험)

두 빛의 광거리차 $= \dfrac{dx}{L}$ 는 기억해야 함

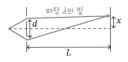
파장 λ의 빛

$\dfrac{dx}{L} = m\lambda \ (m = 0, 1, 2, \cdots)$ 를 만족하는 위치 x는 밝은 선이 됨

$\therefore$ 밝은 선의 위치 $x = \dfrac{mL\lambda}{d} \ (m = 0, 1, 2, \cdots) \rightarrow$ 밝은 선의 간격 $= \dfrac{L\lambda}{d}$

회절 격자

파장 λ의 빛
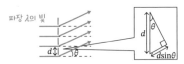

인접한 빛의 광거리차 $= d\sin\theta$ 를 구할 수 있도록 함(앞 그림 참고)

$d\sin\theta = m\lambda \ (m = 0, 1, 2, \cdots)$ 를 만족하는 방향 θ에 밝은 선이 생김

※ $0 \leq \sin\theta \leq 1$이므로 $0 \leq \dfrac{m\lambda}{d} \leq 1$

따라서 $0 \leq m \leq \dfrac{d}{\lambda}$를 만족하는 m을 구하면 밝은 선의 개수를 알 수 있음

태양광 패널의 반사방지막

태양광 패널은 태양광의 에너지를 최대한 활용하려고 박막의 간섭을 잘 이용합니다. 두 빛 (박막의 표면에서 반사되는 빛과 박막 안에 진입했다가 반사되어 되돌아오는 빛)이 서로 강해져 밝게 보이는가 혹은 서로 약해져 어둡게 보이는가는 박막의 두께에 따라 결정됩니다.

태양광 패널의 발전 효율은 종류에 따라 다르지만, 보급된 것은 대략 10~20% 정도입니다. 즉, 태양광 패널에 쏟아지는 태양 에너지의 80%는 활용되지 못하고 있는 것입니다. 그 원인은 여러 가지가 있으며, 그중 하나는 표면에서의 빛 반사입니다. 아무리 에너지가 쏟아져도 반사가 일어나면 사용할 수 없는 것이죠.

그래서 빛의 에너지 반사를 억제하려고 박막의 간섭을 이용하는 것입니다. 두 빛이 서로 간섭해 약해질 때는 박막 표면에서 반사되는 빛의 에너지가 약해집니다. 즉, 에너지 대부분이 태양광 패널에 흡수될 수 있다는 뜻입니다.

많은 태양광 패널은 실리콘을 사용하지만, 실리콘 자체는 금속 광택이 있어 파란색으로 보이지 않습니다. 태양광 패널이 파란색으로 보이는 것은 바로 이 반사 방지막의 색입니다. 같은 원리는 안경에도 사용됩니다. 반사광을 약화시켜 사진 촬영 시 빛이 나는 것을 방지합니다.

상대의 레이더에 잡히지 않는 '스텔스 전투기'에도 같은 원리가 활용됩니다. 전자기파를 발사하고 그 반사를 관찰해 물체를 찾는 것이 레이더입니다. 스텔스 전투기에는 얇은 막 이 적용되어 있습니다. 막의 표면에서 반사되는 전자파와 막 안에서 반사되는 전자파가 서로 간섭해 약화시켜 전자파가 반사되지 않도록 하는 것입니다.

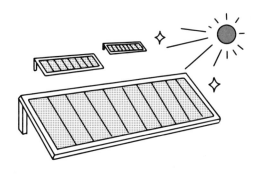

Column

다이너마이트나 번개도 충격파와 관련이 있음

충격파는 운석이 떨어질 때만 발생하는 것이 아닙니다. 예를 들어 영국과 프랑스가 공동 개발한 콩코드(Concorde)라는 항공기는 음속의 2배가량 빠른 속도로 비행할 수 있습니다. 1976~2003년까지 실제 취항했지만 충격파를 발생시켜 현재는 운행하지 않습니다.

또한 터널 공사에서 다이너마이트를 폭발시키면 폭발 때문에 무수한 물체가 음속 이상으로 가속됩니다. 그 결과 충격파가 발생합니다. 이는 폭음파라고 하며, 음속의 15배에 달하는 속도를 낸다고 합니다. 천둥과 번개 발생 시 '우르릉'하는 소리도 충격파 때문에 만들어집니다. 번개의 큰 전류 때문에 발생한 열로 공기는 빠르게 가열되어 팽창합니다. 이 때문에 충격파가 발생하는 것입니다.

리니어 모터 자동차 등 차세대 고속 이동 수단도 개발 중입니다. 이들 역시 충격파를 발생시키지 않는 장치가 필요합니다.

헬륨 기체를 마시면 목소리가 높아지는 이유

헬륨 기체를 이용해 목소리를 바꾸는 놀이를 해본 적 있으신가요? 헬륨 기체는 100% 헬륨만 있으면 질식할 위험이 있어 실제로는 산소:헬륨 = 1:4의 비율로 섞어 사용한다고 합니다. 왜 헬륨을 흡입하면 목소리가 높아지는 것일까요?

언뜻 생각해 보면 헬륨 기체를 흡입해도 성도의 길이는 변하지 않으므로 공명하는 소리(목소리)의 높낮이는 변하지 않을 것 같습니다. 그런데 헬륨을 들이마시면 소리의 진행 속도가 달라집니다. 헬륨 기체는 가볍기 때문에 '$v = f\lambda$' 중 'v'값이 커지는 것입니다. 진동수 'f'도 그에 비례해 커져 높은 소리가 되는 것입니다.

물리학편
전자기학

Introduction

수학을 배우지 않은 패러데이

전자기학은 19세기에 발전한 학문입니다. 특히 마이클 패러데이의 전자기 유도 발견과 제임스 클러크 맥스웰의 전자기학 수식의 정리(맥스웰 방정식)가 중요합니다. 맥스웰 방정식은 고등학교 물리학에서는 직접 배우지 않지만, 그 내용에 해당하는 것은 배웁니다.

전자기 유도는 태양광 이외의 발전 원리가 되는 중요한 현상으로, 1831년 패러데이의 발견이 없었다면 오늘날의 전기 기반의 생활이 없었을지도 모릅니다. 패러데이는 영국의 가난한 집안에서 태어나 어린 시절 제본소에서 살며 일했습니다. 그런 환경에도 과학에 대한 호기심이 많았다고 합니다. 어느 날 패러데이는 험프리 데이비라는 저명한 과학자의 강연을 들을 기회를 얻게 됩니다. 강연을 듣고 깊은 감명을 받은 패러데이는 편지를 써서 간곡히 부탁해 데이비의 조수로 일하게 됩니다.

이렇게 데이비의 조수가 된 패러데이지만, 가난하게 태어났다는 이유로 수학을 배우지 못했습니다. 과학을 연구하는 데는 치명적이라고 할 수 있습니다. 하지만 그는 오로지 '실험' 기반의 탐구에만 몰두했습니다. 그 결과 '전자기 유도'라는 현상을 발견한 것입니다. 자연과학을 탐구하는 데 있어 꾸준한 '실험'이 얼마나 중요한지 알 수 있는 이야기입니다.

많은 발명을 한 데이비가 훗날 "나의 가장 큰 발견은 패러데이를 만난 것"이라고 말할 정도로 패러데이의 활약은 눈부셨습니다. 맥스웰은 "패러데이가 수학자가 아니었다는 것은 아마도 과학에 있어 행운이었을 것"이라고 말했을 정도입니다.

이 장에서는 과거 위인들이 발전시킨 전자기학을 순서대로 정리해 보겠습니다. 전자기학의 발전에 많은 과학자들이 기여했음을 알 수 있습니다.

전자기학의 발견에는 역사가 있는데, 19세기가 중심이므로 그리 먼 이야기처럼 느껴지지 않을 때가 많습니다. 그 시대의 위인들은 무엇을 생각했고, 어떻게 법칙을 찾아 냈을까를 떠올리며 학습하면 재미있게 배울 수 있습니다. 물론 가까운 곳에서 많이 활용되는 것도 빼놓을 수 없습니다.

3+1 업무에 활용하는 독자가 알아 둘 점

전기가 없는 생활은 더 이상 생각할 수 없습니다. 생활을 지탱하는 일(송전 등)은 물론이고, 가전제품을 개발, 설계, 제조하는 데도 전자기학을 필수로 이해해야 합니다. 또한 정보화가 진행되는 현대를 지탱하는 것도 전자기학입니다. 전자기학 없이 IT 사회의 발전은 있을 수 없습니다.

🎓 수험생이 알아 둘 점

역학과 함께 수험에서 중요하게 여기는 분야입니다. 물리 과목 전체 관점에서는 후반부에 배우므로 충분히 이해하지 못한 사람도 많은 분야입니다. 그래서 일찍부터 학습을 시작해서 실력을 쌓아 다른 학생과 차이를 만들어 보세요.

 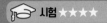

01 정전기

아이들도 실험하며 즐길 수 있는 정전기는 산업적으로도 폭넓게 활용됩니다.

> **Point**
> ## 접근하면 정전기력은 갑자기 커짐
>
> 전기에는 양전기와 음전기가 있음. 양전기와 음전기 사이에는 반발력과 인력이
> 작용하는데, 이러한 힘을 정전기력이라고 함. 그 크기는 다음 공식으로 나타냄
>
> $$F = k\frac{Q_1 Q_2}{r^2} \quad (k: \text{비례상수}, \ r: \text{전하 사이 거리}, \ Q_1, Q_2: \text{각각의 전하})$$
>
>
>
> 이를 쿨롱의 법칙이라고 함

정전기력을 이용하는 전자기기

정전기력 중 특히 양전기와 음전기 사이에 작용하는 인력은 매우 유용합니다. 자동차의
차체 등에 페이트를 칠할 때, 전기의 인력으로 페인트를 분사해 균일하게 칠할 수 있습니
다. 또한 전기의 인력을 이용해 먼지나 곰팡이를 흡착하는 공기청정기도 있습니다.

가장 오래된 것으로는 1445년경 독일의 구텐베르크가 발명한 활판 인쇄술 기반의 복사
기를 들 수 있습니다. 이는 금속이나 나무의 작은 막대 끝에 글자를 새긴 판에 종이를 눌
러 인쇄하는 기술입니다. 덕분에 같은 문서가 대량으로 유통되어 많은 사람에게 지식이
쉽게 공유 및 전파되었고, 과학의 발전이 가속화되었습니다. 활판 인쇄술의 발명은 매우
획기적인 것으로, 1980년경까지만 해도 이 방법으로 책을 인쇄했었습니다.

하지만 지금은 전기를 이용해 쉽게 인쇄물을 복사할 수 있습니다. 복
사기 안에는 회전하는 드럼이 들어 있고, 드럼의 표면에는 감광체가
그려져 있습니다. 감광체란 빛이 닿으면 전기가 잘 통하는 물질을 말
합니다.

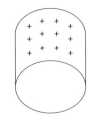

이 감광체가 그려진 드럼을 먼저 양의 전기를
띠게 합니다. 그런 다음 인쇄 내용을 비추고,
그 반사광을 위의 감광체에 비춥니다. 인쇄 내
용의 밝은(흰색) 부분에서는 빛이 강하게 반사
되고, 어두운(검은색) 부분에서는 빛이 반사되
지 않습니다. 그리고 빛이 닿은 부분에서는 (감광체가 전
기가 잘 통하므로) 양전하가 이동해 사라지고, 빛이 닿지
않는 부분에만 양전하가 남습니다.

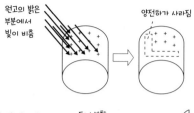

여기에 음의 전기를 띤 토너(검은색 입자)를 뿌립니다. 그

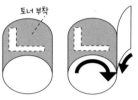

러면 정전기력 때문에 감광체의 양전하가 남아있는 부분에만 토너가 부착됩니다. 드럼을
회전시켜 부착된 토너를 종이에 묻히면 이제 원고의 흑백을 복사할 수 있습니다. 이것이
복사기의 작동 원리입니다.

BUSINESS 레이저 프린터에도 정전기의 원리가 사용됨

여러분에게 친숙한 기기 중 거의 같은 원리를 이용하는 것이 레이저 프린터입니다. 프린
터는 크게 레이저 프린터와 잉크젯 프린터로 나뉩니다. 잉크젯 프린터는 종이에 직접 잉
크를 분사하는 방식입니다. 잉크젯 프린터는 세밀한 부분까지 깨끗하게 인쇄할 수 있지
만, 대량으로 인쇄할 경우 한 장씩 잉크를 분사하므로 시간도 오래 걸리고 잉크값도 비쌉
니다. 대량 인쇄에는 복사기와 같은 원리의 레이저 프린터가 더 적합합니다.

 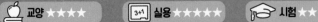
02 전기장과 전위

정전기력은 직접 접촉하지 않고도 작용하는 신기한 힘입니다. 이 현상은 전하가 만드는 '전기장'이 힘을 발휘한다고 생각하면 이해할 수 있습니다.

Point 전위를 미분하면 전기장을 얻을 수 있음

전기장

거리 r만큼 떨어져 있는 전하 Q_1, Q_2 사이에 크기 $F = k\dfrac{Q_1 Q_2}{r^2}$의 정전기력이 작용하는 것은 다음처럼 이해할 수 있음

먼저 전하 Q_1이 주변을 정전기력이 작용하는 공간으로 바꿈. 이를 전기장이라고 하며, 전하 q는 강도 E의 전기장으로부터 크기 $F = qE$의 힘을 받음

$$\Downarrow$$

전하 Q_1은 거리 r만큼 떨어진 위치에 전기장 $E = k\dfrac{Q_1}{r^2}$를 만듦

$$Q_1 \bullet \longleftarrow\!\!\!\xrightarrow{r}\!\!\!\longrightarrow \qquad k\dfrac{Q_1}{r^2}$$

$$\Downarrow$$

전하 Q_2는 Q_1이 만든 전기장으로부터 크기 $F = Q_2 E = k\dfrac{Q_1 Q_2}{r^2}$의 정전기력을 받음

전위

전기장은 오른쪽 그림과 같은 공간의 왜곡으로 이해할 수 있음. 이때 각 점의 높이에 해당하는 것이 전위임

전하 Q_1이 거리 r만큼 떨어진 위치에 만드는 전위 V는 다음 식으로 표현됨

 +1(c)

높이 = 전위 V

기울기 = 전기장의 강도 E

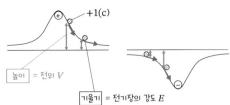

$$V = k\dfrac{Q_1}{r}$$

수평이 아닌 공간에 물체를 놓으면 물체는 경사면을 굴러 떨어지듯 힘을 받음. 전하가 받는 정전기력은 이렇게 이해할 수 있으며, 전기장의 기울기가 가파를수록 더 큰 정전기력을 받는다고 이해할 수 있음. 이는 전위 V를 거리 r로 미분하면 전기장의 세기 E를 구할 수 있음을 뜻함

$$E = \left| \frac{dV}{dr} \right|$$

전기장에서 정전기력의 위치 에너지를 이해할 수 있음

가속기라는 장치는 눈에 보이지 않는 전기띤 알갱이(대전 입자)를 전기의 힘으로 가속시킵니다. 이때 얼마나 많은 전기장을 가했을 때 얼마나 가속할 수 있는지 계산해야 합니다. 이때 정전기력의 위치 에너지를 생각하면 편리합니다. 정전기력의 위치 에너지는 오른쪽 그림에서 이해할 수 있습니다.

전기장 속에서 전하를 높은 위치(전위가 큰 위치)로 이동시키려면 일을 해야 합니다. 전하들은 일한 만큼의 에너지를 에너지로 저장합니다. 이것이 정전기력의 위치 에너지입니다.

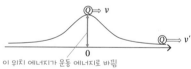

반대로 정전기력의 위치 에너지를 저장한 전하가 풀리면 그 에너지를 방출해 운동에너지로 변환합니다. 이때 에너지 보존 법칙이 성립합니다. 앞 그림에서 다음 식처럼 나타낼 수 있습니다.

$$QV + \frac{1}{2}mv^2 = \frac{1}{2}mv'^2$$

이 개념을 이용하면 어느 정도의 전기장에서 얼마나 가속할 수 있는지를 구할 수 있습니다.

03 전기장 속의 도체와 절연체

정전기력은 전기를 띤 물건이 아니더라도 작용할 수 있습니다. 예를 들어 전기를 띤 빨대를 전기를 띠지 않은 빈 깡통에 가까이 가져가면 빈 깡통이 빨대에 끌립니다.

전기장 안에서 일어나는 변화는 도체와 절연체에 따라 차이가 있음

도체와 절연체

• 도체 = 전기를 통하게 하는 것
• 절연체 = 전기가 통하지 않는 것

도체와 절연체의 차이는 자유 전자가 있느냐 없느냐의 차이임. 도체에는 자유롭게 움직일 수 있는 자유 전자가 있지만, 절연체에는 자유 전자가 없음

정전기 유도

도체가 전기장 안에 놓이면 자유 전자가 정전기력을 받아 이동함. 이동한 자유 전자는 주어진 전기장과 반대 방향의 전기장을 만듦. 그것들이 서로 상쇄되어 도체 안의 전기장이 0이 될 때까지 자유 전자는 계속 이동함

유전체 분극

절연체가 전기장 안에 놓여도 자유 전자는 이동하지 않음. 대신 도체를 구성하는 분자들이 방향을 맞추게 됨. 특히 분자에 전기적 편향(극성)이 있으면 전기장에서 힘을 받아 전기장을 상쇄하는 방향으로 정렬함. 그 결과 원래의 전기장은 0이 되지 않고 약해짐

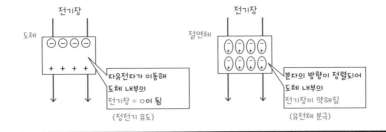

금속으로 전기장을 막으면 정전기 유도는 일어나지 않음

전기장 안에 놓인 물체에 변화가 생기는 것은 전기 회로에서 중요하게 작용할 수 있습니다. 예를 들어 전하를 저장하는 장치인 콘덴서(04 참고)의 극판 사이에는 절연체가 삽입되어 있습니다. 삽입된 절연체에는 극판이 만드는 전기장 때문에 유전체 분극이 일어납니다. 이는 콘덴서의 용량을 크게 하는 데 도움이 됩니다.

전기 회로 내부는 블랙박스로 감쌀 때가 많지만, 정전기 유도(유전체 분극)는 주변에서 쉽게 구할 수 있는 물건들로도 관찰할 수 있습니다. 헝겊으로 문질러 정전기를 띤 자를 수도꼭지에서 흘러나오는 물에 가까이 가져갑니다. 그러면 원래는 똑바로 떨어지던 물이 자에 끌리듯 휘어집니다. 이는 물에 유전체 분극이 일어났기 때문입니다.

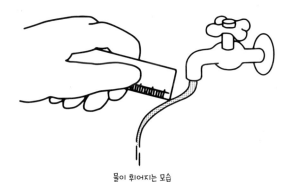

물이 휘어지는 모습

BUSINESS 터널 안에서 라디오가 연결이 잘 안 되는 이유

정전기 유도(유전체 분극)가 일어나지 않게 하려면 전기장을 막는 수밖에 없습니다. 물이 휘어지는 예에서 물과 자 사이에 금속판을 끼워 넣으면 물이 휘어지지 않습니다. 금속판이 전기장을 막기 때문에 물에 유전체 분극이 일어나지 않는 것입니다. 이를 정전기 가려막기라고 합니다.

안테나가 설치되지 않은 터널 안이나 지하상가에 들어가면 라디오나 휴대폰이 잘 연결되지 않습니다. 땅이나 철근 때문에 전파가 막히기 때문입니다. 정전기 가려막기는 이런 현상과 매우 비슷합니다.

 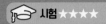
04 콘덴서

전기 회로에서는 전하를 일시적으로 저장하는 장치인 콘덴서가 유용하게 사용됩니다. 콘덴서는 소형이면서도 대용량을 구현할 수 있습니다.

Point 콘덴서의 전기 용량은 세 가지 요소로 결정됨

금속판 2장을 접촉시키지 않고 마주보게 하면 전하를 저장하는 콘덴서를 만들수 있음. 이를 다음 그림처럼 전원과 연결해 전압을 가하면 전압에 비례하는 크기의 전하를 저장할 수 있음

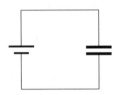

콘덴서의 전기 용량은 QCV의 관계에 따라 결정됨

이 관계는 '$Q = CV$(Q: 저장할 수 있는 전하, C: 전기 용량, V: 전압)'로 표현됨

콘덴서의 전기 용량 C는 콘덴서의 모양과 극판 사이에 끼우는 물질(절연체)의 종류에 따라 다음 식처럼 결정됨

$$C = \varepsilon \frac{S}{d}$$ (ε: 극판 사이 물질의 유전율, d: 극판 간격, S: 극판 넓이)

또한 콘덴서에 전하가 저장되었을 때, 에너지 U(다음 식 참고)가 저장되는 것도 중요함

$$U = \frac{1}{2}CV^2$$

콘덴서에서 활약하는 유전체

카메라에서 플래시를 터뜨릴 때 한꺼번에 많은 전류가 흐릅니다. 이런 일이 가능한 이유는 콘덴서에 전하를 저장했다가 방출하는 구조가 있기 때문입니다. 모든 전자기기에는 수많은 콘덴서가 내장되어 있습니다. 콘덴서를 많이 집적하기 위해서는 소형화하면서도 큰 전기 용량을 유지해야 합니다. 이를 위해 콘덴서에 여러 가지 방법을 적용합니다.

그중 하나가 극판 넓이를 크게 하는 것입니다. 보통 콘덴서에는 극판 2개 사이에 유전체를 끼워 넣어 빙글빙글 돌돌 말아 넣습니다. 그럼 극판 넓이를 크게 유지하면서 소형화할 수 있습니다.

그리고 극판 사이에 어떤 물질을 끼워 넣느냐가 중요합니다. 물질에 따라 유전율 값이 전혀 다르기 때문입니다. 극판 사이 물질의 유전율이 10배면 콘덴서의 전기 용량도 10배가 됩니다. 전기 용량이 유전율에 비례하는 것인데, 유전율의 값은 오른쪽 그림과 같습니다. 극판 사이에 아무것도 끼우지 않았을 때보다 무언가를 끼웠을 때 전기 용량이 커짐을 알 수 있습니다.

다양한 콘덴서

그중에서도 특히 티타늄산 바륨이라는 물질을 삽입했을 때 전기 용량이 훨씬 더 커져서 콘덴서의 재료로 많이 사용됩니다. 이렇게 우수한 유전체의 발견은 크기가 작으면서 대용량인 콘덴서를 구현하는 데 필수 요소입니다.

참고로 전기 용량의 단위는 'F(패러드)'를 사용합니다. 전압 1V를 가했을 때 1C의 전하를

물질	비유전율 (유전율이 진공의 몇 배인지)
공기	1.0005
파라핀	2.2
골판지	3.2
운모	7.0
물	80.4
티타늄산 바륨	약 5,000개

저장할 수 있는 용량을 1F라고 합니다. 하지만 실제로는 전기 용량이 매우 작을 때가 많아 'μF(마이크로패럿)'나 'pF(피코패럿)'라는 단위를 많이 사용합니다. $1\mu F = 10^{-6}F$, $1pF = 10^{-12}F$입니다.

 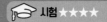
05 직류 회로

전기 회로에는 전류가 일정한 방향으로 계속 흐르는 '직류 회로'와 전류의 방향이 주기적으로 변하는 '교류 회로'가 있습니다. 여기서는 직류 회로의 특징을 확인합니다.

Point 직류 회로의 원리는 옴의 법칙

옴의 법칙

회로에 전류를 흐르게 하려면 전압이 필요하다. 이때 다음 식과 같은 옴의 법칙이 성립함

$$V = RI \ (V: 전압, \ R: 전기 저항, \ I: 전류의 세기)$$

전기 회로를 생각할 때는 항상 옴의 법칙이 기본임

A(암페어)

전류의 단위는 'A(암페어)'를 사용하며, 1A는 '회로의 어느 한쪽 면을 1초 동안 1C의 전하가 흐를 때의 전류 크기'를 뜻함

회로에 실제로 흐르는 것은 전자며, 전자 1개의 전하를 $e(C)$라고 하면 흐르는 전류 I는 다음 식과 같음

$$I = enSv \ (n: 전자 수에 따른 밀도, \ S: 회로의 한쪽 면 넓이, \ v: 전자의 속도)$$

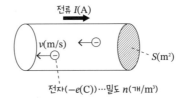

전지 없이도 전류를 생성할 수 있음

옴의 법칙은 1826년 독일의 물리학자 게오르크 옴이 발견했습니다. 당시 발명된 전지는 볼타 전지 정도였는데, 전압이 금방 떨어지는 단점이 있었습니다. 애초에 전류를 발생시킬 수 없었다면 이 법칙을 발견할 수 없었을 텐데, 옴은 어떻게 전류를 발생시켰을까요?

옴이 이용한 것은 1822년 독일의 물리학자 토머스 요한 제베크가 발견한 열전대를 이용한 열기전력 효과(제베크 효과)입니다. 조금 어렵지만 다음 그림을 보면 대략적으로 이해가 될 것입니다.

먼저 구리와 비스무트라는 금속을 접촉시킨 물질 2개를 준비해 온도 차이를 만듭니다. 이때 그림 오른쪽처럼 선을 배치하면 전류가 흐르는 현상입니다. 제베크의 발견이 있었기에 옴의 법칙도 발견할 수 있었음을 알 수 있습니다.

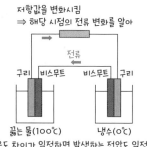

저항값을 변화시킴
⇒ 해당 시점의 전류 변화를 알아

전류

구리 | 비스무트   비스무트 | 구리

끓는 물(100℃)   냉수(0℃)
(온도 차이가 일정하면 발생하는 전압도 일정함)

🖥 BUSINESS 우주탐사선에 탑재되는 원자력 전지

제베크 효과는 우주 탐사선에 탑재되는 원자력 전지에 적용되었습니다. 원자력 전지에는 플루토늄238 등의 방사성 동위원소(방사선을 내뿜으며 자연적으로 붕괴하는 원소. 붕괴할 때 열을 냄. 반감기가 긴 것을 사용하면 장기간 사용 가능)가 들어갑니다. 이렇게 생성된 열과 우주공간(온도는 3K(−270℃)로 일정)과의 온도차를 이용해 발전하는 것입니다.

지구 주위를 공전하는 인공위성이나 소행성대(화성과 목성 사이)에 위치한 우주탐사선이라면 충분한 태양빛을 얻을 수 있으므로 원자력 전지가 아닌 태양전지를 사용합니다. 원자력 전지는 발사 실패나 추락 등으로 방사성 물질을 흩뿌릴 위험이 있기 때문입니다. 하지만 이보다 더 멀리 가는 탐사선에서는 태양빛이 충분하지 않으므로 원자력 전지를 사용합니다.

이외에도 공장, 자동차, 가정 등에서 활용되지 못하는 열을 이용하면 제베크 효과로 발전할 수 있습니다. 실제 전 세계적으로 석탄, 석유, 천연가스 등 화석 연료에서 나오는 열의 약 70%가 활용되지 못하고 버려지고 있습니다.

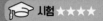

06 전기 에너지

회로에 전류가 흐르면 에너지를 소비합니다. 이 에너지를 빛이나 열 등의 형태로 변환해 이용합니다.

Point 1 '전력'과 '전력량'을 구분함

전력

저항에 전류가 흐를 때 에너지를 소비함. 이때 전력 P는 '$P = VI$(V: 저항에 걸리는 전압, I: 저항에 흐르는 전류)'로 표현됨. 여기서 전력은 '1초당 소비되는 에너지'를 나타냄

1V의 전압에서 1A의 전류가 흐를 때 소비되는 전력을 1W라고 함. 'W(와트)'는 'J/s'라는 뜻으로 1s당 소비되는 에너지를 나타냄

전력량

총 소비 에너지를 의미하는 것이 전력량임. 전력량 Q는 '$Q = VIt$(t: 전류가 흐른 시간)'으로 표현됨

---

kWh를 J로 변환하기

전력의 단위인 'W'의 의미를 알면, 흔한 물건을 사용할 때 얼마나 많은 전류가 흐르는지 바로 계산할 수 있습니다. 예를 들어 전자레인지를 500W로 사용할 때라면, 가정의 전압이 200V일 때 '500W = 200V × I(A)'라는 식에서 I = 2.5A를 구할 수 있습니다.

매달 전기요금은 사용한 전력량에 따라 결정됩니다. 사용한 전력량은 보통 'OkWh'로 표기되며, '1kWh = 1kW × 1h'입니다. 이를 J로 나타내면 다음 식과 같습니다.

$$1kWh = 1kW \times 1\,h = 10^3 J/s \times 3600s = 3.6 \times 10^6 J$$

또한 물 1g의 온도를 1℃ 상승시키려면 약 4.2J의 에너지가 필요하며, 1kWh의 에너지를 사용하면 물 10^5g(약 100L)을 얼마나 온도 상승시킬 수 있을지 다음 식처럼 구할 수 있습니다.

$$\frac{3.6 \times 10^6}{4.2 \times 10^5} \fallingdotseq 8.6\,^\circ\text{C}$$

이런 관계를 알면 여러분이 사용하는 에너지가 어느 정도인지 감각적으로 파악하기 쉬워질 것입니다.

🖥️ BUSINESS 콘센트 사용과 전지 사용 중 어느 쪽의 비용이 더 저렴할까?

여러분이 전기 에너지를 사용할 때는 대부분 콘센트나 전지를 활용할 것입니다. 그럼 어느 쪽의 비용이 더 저렴할까요?

먼저 여러분이 흔히 사용하는 AA 망간 건전지를 기준으로 계산해 보겠습니다. AA 망간 건전지의 용량(전류의 양)은 약 1,000mAh입니다. 이는 1,000mA(=1A)의 전류를 1시간 동안 보낼 수 있다는 뜻입니다. 또한 건전지의 전압은 1.5V이므로, 건전지를 다 소모할 때까지 소비하는 에너지는 다음과 같습니다.

$$1.5\text{V} \times 1\text{A} \times 1\text{h} \times 1\text{Wh} = 1.5\text{Wh}$$

이 정도의 에너지를 얻으려면 보통 건전지 1개가 필요합니다. 만약 저렴하게 건전지 1개를 500원으로 계산하면 1Wh의 에너지를 얻는 데 '500 ÷ 1.5 ≒ 330원'이라는 비용이 듭니다. 그렇다면 발전소에서 송전되는 전류를 이용할 때는 어떨까요? 전력 회사에 지불하는 전기 요금은 1kWh당 200원 정도입니다. 즉, 1Wh당으로 환산하면 '200 ÷ 1000 = 0.2원'입니다.

이렇게 비교해보면 전지를 이용해 전기를 얻는 것이 얼마나 비싼지 알 수 있습니다.

  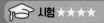

07 키르히호프의 법칙

옴의 법칙을 일반화해 더 쉽게 사용하도록 한 것이 키르히호프의 법칙입니다. 이를 이용하면 복잡한 회로에서도 흐르는 전류를 구할 수 있습니다.

Point 키르히호프의 법칙은 방정식처럼 사용할 수 있음

키르히호프의 법칙에는 제1법칙과 제2법칙이 있음

제1법칙

회로 안 임의의 점에는 '유입되는 전류의 합 = 유출되는 전류의 합'이라는 관계가 성립함

회로 안의 점에는 전하가 저장되는 일이 없으므로 이 법칙은 항상 성립함. 강의 흐름에 비유하면, 어떤 한 지점에 유입되는 물의 양과 유출되는 물의 양은 항상 일치하는 것과 같음

제2법칙

임의의 닫힌 경로 하나에는 '기전력의 합 = 전압 강하의 합'이라는 관계가 성립함

기전력은 전위가 높아지는 전위 상승 작용의 크기를 뜻함. 전압 강하란 저항에 전류가 흐르면서 전위가 낮아지는 것을 뜻함. 즉, 회로를 한 바퀴 돌면 원래의 높이(=전위)로 돌아가므로 제2법칙은 항상 성립함

복잡한 전기 회로를 고찰할 때 꼭 필요한 것이 키르히호프의 법칙

오른쪽 그림과 같은 간단한 회로에 흐르는 전류의 크기를 구하려면 옴의 법칙만으로 충분합니다. 즉, $10V = 2\Omega \times I(A)$라면 $I = 5A$입니다.

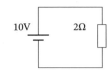

하지만 다음 왼쪽 그림처럼 회로가 복잡하면 어떨까요? 옴의 법칙만으로는 한계가 있습니다. 이럴 때는 키르히호프의 법칙을 이용해 계산합니다.

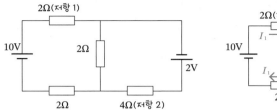

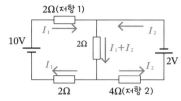

먼저 다음 오른쪽 그림처럼 전류를 설정합니다. 여기서 키르히호프의 제1법칙을 사용함과 동시에 전류의 방향을 알 수 없을 때 방향을 적당히 정하는 것이 핵심입니다. 왜냐하면 이 단계에서 고민해도 어차피 알 수 없기 때문입니다. 가령 적당히 설정한 전류의 방향이 틀렸다고 가정해 봅시다. 이 경우 전류 값이 음의 값이 됩니다. 이때 '내가 설정한 방향이 잘못되었구나'라고 알아차리면 되는 것입니다.

다음 그림처럼 전류 값을 설정했을 때 닫힌 회로 2개에 각각 키르히호프의 제2법칙을 생각해 봅시다.

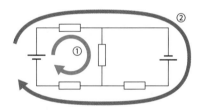

회로 ①: $10 - 2I_1 - 2(I_1 + I_2) - 2I_1 = 0$

회로 ②: $10 - 2I_1 + 2 - (-4I_2) - 2I_1 = 0$

앞 식을 기반으로 $I_1 = 2A$, $I_2 = -1A$입니다. 이때 $I_2 < 0$이므로 전류의 방향 설정이 잘못되었음을 알 수 있습니다.

08 비선형 저항

'저항에 걸리는 전압과 흐르는 전류가 비례한다'는 점을 나타내는 것이 옴의 법칙입니다. 이 법칙이 성립하는 전제는 저항값이 일정하다는 것인데, 흐르는 전류의 크기에 따라 저항값이 변하는 상황도 있습니다.

Point 흐르는 전류가 클수록 저항값이 커짐

저항값이 항상 일정하다면, 저항에 흐르는 전류 I와 전압 V의 관계는 오른쪽 첫 번째 그림처럼 나타낼 수 있음. 그러나 전구의 필라멘트에 전류 I와 전압 V의 값을 측정하면 오른쪽 아래 그림과 같은 관계가 되는 것을 알 수 있음. 이를 비선형 저항이라고 함

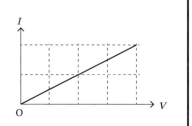

비선형 저항에서 전류 I와 전압 V가 비례하지 않는 것은 흐르는 전류 I에 따라 저항값이 변하기 때문임. 저항에 전류가 흐르면 저항의 온도가 올라감. 그럼 전류(전자의 흐름)를 방해하는 작용을 하는 양이온의 열진동이 심해져 저항값이 커짐

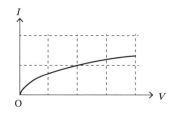

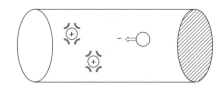

저항값의 변화를 고려해 실제 전류값을 구함

온도에 따라 저항값이 변하는 것은 골칫거리입니다. 즉, 저항을 회로에 넣었을 때, 얼마나 많은 전류가 흐를지 계산하는 것이 어렵습니다. 하지만 회로를 설계할 때 꼭 해야 하는 계산이기도 합니다. 어떻게 하면 비선형 저항에 흐르는 전류를 구할 수 있을까요? 다음과 같은 예로 생각해 봅시다.

다음 그림처럼 전압 E의 전지, 저항값 R의 저항, 그래프와 같은 전류-전압 특성을 갖는 전구를 연결한다. 이때 전구에 흐르는 전류를 구하라.

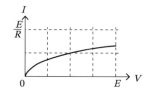

이때 '비선형 저항의 전압을 V, 흐르는 전류를 I로 설정'하는 것이 핵심입니다.

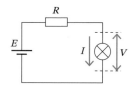

그럼 V와 I의 관계를 수식으로 나타낼 수 있습니다. 저항 R에 흐르는 전류도 I이므로 키르히호프의 제2법칙에 따라 '$E = RI - V$'로 나타낼 수 있습니다.

마지막으로 이 공식을 그래프로 표현합니다. 이 공식은 다음처럼 바꿀 수 있습니다.

$$I = -\frac{V}{R} + \frac{E}{R}$$

그럼 오른쪽 위 그림처럼 그래프로 표현할 수 있습니다.

회로에 내장된 전구는 앞 그래프와 오른쪽 아래 그래프의 관계를 모두 만족해야 하며, 두 그래프의 관계를 동시에 만족하는 V와 I 값은 두 그래프의 교차점으로 구할 수 있습니다.

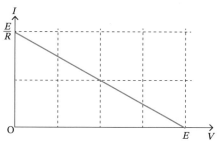

따라서 전구에 흐르는 전류는 $E/2R$로 구할 수 있습니다.

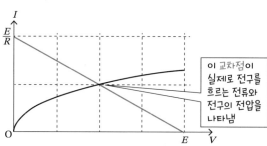

이 교차점이 실제로 전구를 흐르는 전류와 전구의 전압을 나타냄

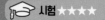
전류가 만드는 자기장

전류가 흐르는 전선 근처에 나침반 바늘을 놓으면 바늘이 움직입니다. 이는 전류가 그 주변에 자기장을 만들기 때문입니다.

1. Point 전류의 형태에 따라 만들어지는 자기장의 형태가 달라짐

전류가 만드는 자기장의 방향과 크기는 전류가 흐르는 전선의 형태에 따라 다음과 같은 차이가 있음

- 직선 전류가 만드는 자기장

  $$H = \frac{I}{2\pi r} \ (r: 전류와의 거리, I: 전류의 크기)$$

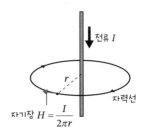

- 원형 전류가 만드는 자기장

  $$H = \frac{I}{2r} \ (r: 원의 반지름)$$

- 솔레노이드(원통형으로 감긴 코일)를 흐르는 전류가 만드는 자기장

  $$H = nI$$

  $(n: 솔레노이드의 단위 길이당 권선 수)$

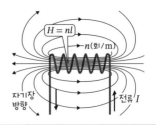

지구의 내부를 아는 방법

냉장고에 메모지를 붙이기 위해 사용하는 자석, 가전제품의 모터나 발전기 등에 사용되는 자석 등 여러분의 주변에는 많은 자석이 사용됩니다. 그중에서도 특히 여러분이 항상

접하는 자기장이 있습니다. 바로 지구가 만드는 자기장입니다. 지구 위에 수평으로 놓인 나침반은 항상 일정한 방향을 가리킵니다. 이는 지구에 강력한 자기장이 있기 때문입니다. 그런데 도대체 이런 자기장은 어디에서 생겨나는 것일까요?

세상에는 전류 외에 자기장을 만드는 것은 없습니다. 예를 들어 페라이트 자석과 같은 영구 자석에서는 이를 구성하는 원자 안에서 전자가 움직입니다. 이 전자가 전류와 같은 작용을 해 자기장을 만들어내는 것입니다. 그렇다면 지구 자기장의 근원은 무엇일까요? 이 역시도 전류일 것입니다. 즉, 지구에 자기장이 존재한다는 것은 지구 내부에 전류가 흐른다는 증거가 되는 것입니다.

지구의 내부는 오른쪽 그림처럼 되어 있다고 생각됩니다.

지구의 중심부에는 다량의 철이 있다고 생각됩니다(지구 전체 질량의 1/3은 철입니다). 철은 금속이므로 전류를 전달할 수 있습니다. 이 전류가 지구를 거대한 자석으로 만드는 것입니다. 좀 더 정확히 말하자면, 지구의 중심부에 철이 있다는 점은 자기장의 존재 때문에 간접적으로 이해할 뿐입니다. 지구 내부가 금속(철)으로 이루어져 있다는 것은 인간이 실제로 관찰해 확인한 것은 아닙니다. 지금까지 사람이 실제로 파내려간 깊이는 약 10km 정도밖에 되지 않습니다. 지구의 반지름이 약 6400km이니 1%도 파헤쳐지지 않았다는 뜻입니다. 사실 사람이 오랫동안 살아온 지구라도 그 내부는 아직 미지의 세계입니다. 하지만 자기장은 전류 때문에 발생한다는 전자기학이 지구의 내부를 알려준다고 합니다.

참고로 약 10시간이라는 짧은 주기로 자전하는 목성에는 매우 강한 자기장이 존재하는 것으로 알려져 있습니다. 자전 속도가 빠르면 자전 때문에 발생하는 전류도 커지기 때문일 것입니다. 반대로 약 244일 주기로 자전하는 금성의 자기장은 지구의 약 1/2000 정도밖에 되지 않는다고 합니다.

고체 상태의 철
액체 상태의 철
맨틀(암석)

 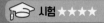
10 전류가 자기장에서 받는 힘

전류가 만들어내는 자기장은 전류에 힘을 줍니다. 자석 옆에 놓은 전선에 전류를 흘리면 힘을 받고, 전류를 끊으면 힘을 받지 않습니다.

! Point 전류가 자기장과 직교하는 방향으로 흐르지 않으면 힘을 받지 않음

자기장이 있는 곳에 전류가 흐르면 전류는 자기장에서 힘을 받음. 그 방향은 다음과 같음

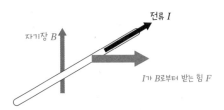

전류가 받는 힘의 크기는 다음처럼 구할 수 있음

$$F = IBL$$(I: 전류의 크기, B: 자기 선속 밀도, L: 자기장 안 전선의 길이)

여기서 전류와 자기장이 이루는 각도가 θ일 때, 전류가 받는 힘의 크기는 다음과 같음

$$F = IBL\sin\theta$$

앞 그림에서는 $\theta = 90°$이며, $\sin\theta = 1$을 대입한 것이 앞 식임

또한 $\theta = 0°$의 경우 $F = 0$임. 즉, 자기장과 평행하게 흐르는 전류는 힘을 받지 않음. 참고로 자기 선속 밀도 B와 자기장 H 사이에는 '$B = \mu H$(μ: 투자율)'라는 관계가 있음

전류가 자기장에서 받는 힘을 강력한 추진력으로 활용함

전류가 자기장에서 받는 힘은 여러 곳에서 활용됩니다. 여기서는 두 가지 사례를 소개합니다.

일본에서 1992년 개발된 세계 최초의 초전도 전자기 추진선인 '야마토'는 해상 항해 실험에 성공했습니다. 이는 질량 185t, 길이 30m, 폭 10.39m 크기의 알루미늄 합금 선박으로 최대 속도는 약 15km/h입니다. 현재 고베 해양박물관에 전시되어 있습니다.

그럼 초전도 전자기 추진선이란 무엇일까요? 다음 그림으로 설명하겠습니다.

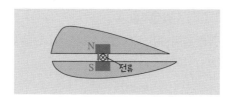

앞 그림의 핵심은 바닷물에 자기장을 가하는 것과 바닷물에 전류를 흘려보내는 것입니다. 전류는 자기장에서 힘을 받습니다. 앞 그림에서는 왼쪽 방향의 힘입니다.

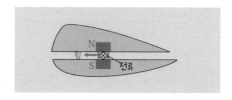

이때 배 내부에 있는 물은 왼쪽으로 밀려납니다. 하지만 배와 물을 합친 전체 운동량은 첫 0에서 변하지 않습니다(외력을 받지 않기 때문입니다). 따라서 배는 오른쪽으로 움직입니다.

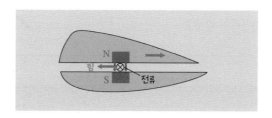

이런 원리로 추진력을 만드는 배가 바로 초전도 전자기 추진선입니다.

11 전자기 유도

코일 근처에서 자석을 움직이기만 하면 코일에 전류가 흐릅니다. 이는 1831년 영국의 마이클 패러데이가 발견한 전자기 유도라는 현상입니다.

Point 1. '변화하는' 자기장이 전압을 발생시킴

코일 근처에서 자석을 움직이면 코일에는 다음과 같은 방향과 크기의 전압(유도 기전력)이 발생함

① 코일을 아래쪽으로 관통하는 자기장이 증가함　→　② 변화를 상쇄하려면 상향 자기장을 만들어야 함　→　③ ②처럼 자기장을 만들기 위해 위와 같이 전류가 흐름

유도 기전력의 크기 $V = N\dfrac{\Delta\Phi}{\Delta t}$

($\Delta\Phi$: 자기 선속의 변화, Δt: 자기 선속 변화에 걸리는 시간)

이러한 현상을 전자기 유도라고 함. 또한 자기 선속 $\Phi = BS$(B: 자기 선속 밀도, S: 코일의 넓이)임

봉 형태의 도체가 자기장 속을 횡단할 때도 해당 도체에 유도 기전력이 발생함

이때 유도 초전력 $V = BLv$

맴돌이 전류의 활용

자기장 안에서 금속판을 움직이거나 금속판 근처의 자기장을 변화시키면 금속판에는 유도 전류가 발생합니다. 이 유도 전류는 소용돌이치듯 흐르기 때문에 맴돌이 전류라고 합니다. 맴돌이 전류는 우리 주변 곳곳에서 활용됩니다. 예를 들어 IH 조리기(Induction Heating: 전자기 유도를 이용한 가열)가 있습니다.

코일에 전류를 흘리면 코일이 전자석이 되어 자기장이 생 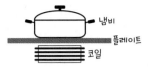 깁니다. 코일에 흐르는 전류를 변화시키면 발생하는 자기 장도 변화합니다. 그럼 자기장의 변화 때문에 전자기 유 도가 일어나고, 냄비 바닥에 맴돌이 전류가 발생합니다. 냄비 바닥에 전류가 흐르면 발생 하는 줄 열(Joule heat)로 요리를 할 수 있습니다. 이때 코일에는 인버터 때문에 2만Hz 정도의 고주파로 변환된 교류가 흐릅니다. 따라서 맴돌이 전류 발생 횟수가 매우 많아져 가열 효율을 높일 수 있습니다.

냄비가 철과 같은 강자성체로 만들어지면 전자기 유도가 발생하기 쉽습니다. 즉, 구리나 알루미늄과 비교해 IH 조리기구에 더 적합하다는 뜻입니다. IH 조리기구에는 올메탈 타 입과 일반 타입이 있습니다. 올메탈 타입은 주파수를 3배 정도 높였으므로 발열 효율이 높아 강자성체가 아닌 구리나 알루미늄 조리기구도 사용할 수 있습니다. 하지만 역시 열 효율이 떨어집니다. 일반형은 강자성체 조리기구에서만 사용할 수 있습니다.

또한 흙냄비나 유리로 만든 것 등 전기를 통하지 않는 조리기구는 사용할 수 없습니다. 재질에 상관없이 바닥이 평평하지 않은 냄비는 맴돌이 전류가 잘 발생하지 않아 발열 효 율이 떨어집니다.

BUSINESS 전철의 브레이크 작동 원리

오른쪽 그림과 같은 전자기 브레이크에서도 맴돌이 전류를 활용합니다.

앞 그림과 같은 구조가 전철에 이용됩니다. 그림 안 샤프트 는 바퀴와 연결되었으므로 바퀴가 회전하면 샤프트도 함께

회전합니다. 이때 전자석을 작동시키면 샤프트에 부착된 드럼에 맴돌이 전류가 발생합니 다. 맴돌이 전류는 전자석에서 회전을 방해하는 방향으로 힘을 받으므로 이 구조가 브레 이크 역할을 하는 것입니다.

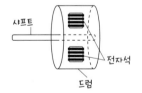

교양 ★★   실용 ★★   시험 ★★★

12 자기 유도와 상호 유도

코일에 흐르는 전류가 변화할 때, 코일 자체에 변화를 상쇄하려는 유도 기전력이 생깁니다. 이 현상을 자기 유도라고 합니다.

스스로 자신의 변화를 상쇄하려는 것이 자기 유도

Point

코일에 일정한 전류가 흐르면 유도 기전력이 발생하지 않지만, 전류가 변화할 때 다음 그림처럼 유도 기전력이 발생함. 두 경우 모두 자기 자신의 변화를 상쇄하려는 것이 핵심임

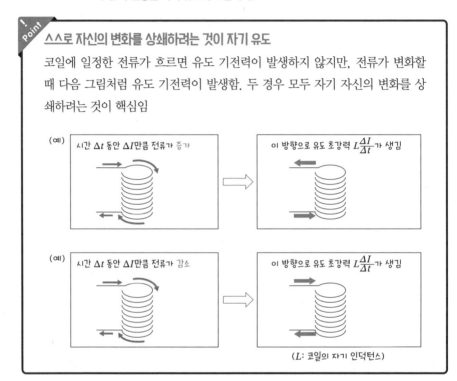

(예) 시간 Δt 동안 ΔI만큼 전류가 증가 ⟹ 이 방향으로 유도 초강력 $L\dfrac{\Delta I}{\Delta t}$가 생김

(예) 시간 Δt 동안 ΔI만큼 전류가 감소 ⟹ 이 방향으로 유도 초강력 $L\dfrac{\Delta I}{\Delta t}$가 생김

(L: 코일의 자기 인덕턴스)

회로에 코일을 내장해 급격한 전류의 변화를 억제함

코일의 자기 유도는 전류의 급격한 변화를 방해하려고 발생하는 것을 알 수 있습니다. 따라서 회로에 코일을 내장하면 전류가 급격하게 변화하는 것을 막을 수 있습니다. 예를 들어 코일이 없다면 회로의 스위치를 켠 순간 큰 전류가 흐릅니다. 하지만 코일이 있으므로 전류를 점진적으로 증가시킬 수 있는 것입니다.

다음 그림의 회로는 전류가 오른쪽처럼 변합니다.

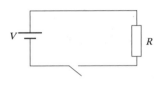

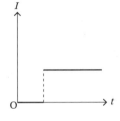

반면 다음 그림의 회로는 전류가 오른쪽처럼 변합니다.

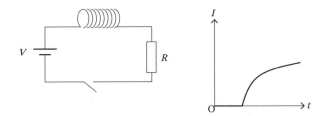

또한 여러 개의 코일 사이에서 상호 유도라는 현상이 발생하기도 합니다.

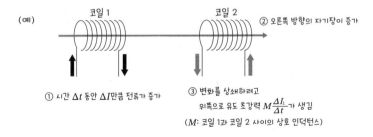

앞 예처럼 어느 코일 하나에 흐르는 전류가 변하면서 옆 코일에 유도 기전력이 발생하는 현상입니다.

상호 유도는 교류 회로의 전압을 변화시키는 데 활용합니다. 구체적으로 변압기라는 장치에서 활용합니다(15에서 자세히 설명합니다). 발전소에서 생산한 전기를 공장이나 가정으로 보내는 데 변압기는 꼭 필요합니다. 여기에 상호 유도가 관여합니다.

13 교류 발생

발전소에서 만들어지는 전류는 교류입니다. 이는 발전기에서 전류가 생성되는 원리를 알면 이해할 수 있습니다.

! Point

전류 대부분은 전자기 유도 때문에 만들어짐

다음 그림처럼 몇 개의 코일을 놓고 그 안에서 자석을 회전시키면 코일에서 전자기 유도와 유도 전류가 발생함

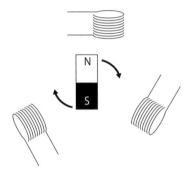

이때 코일에 자석이 가까워지는 순간과 멀어지는 순간에는 유도 전류의 방향이 반대로 됨. 즉, 코일에 발생하는 전류는 끊임없이 방향이 바뀌는 '교류'임. 이것이 교류가 발생하는 메커니즘임

발전소를 지탱하는 것은 전자기 유도

여러분이 사용하는 전류 대부분은 발전소에서 만들어집니다. 발전소에는 화력 전소, 수력 전소, 원자력 발전소 등이 있으며 그 차이는 에너지원에 있습니다.

화력 발전소에서는 석탄, 천연가스, 석유 등 화석 연료를 태워 에너지를 얻습니다. 수력 발전소라면 물이 떨어지면서 발생하는 에너지를 얻습니다. 원자력 발전소에서는 핵분열에서 발생하는 에너지를 얻습니다(4장 07 참고). 이처럼 발전 종류에 따라 에너지원이 다릅니다. 하지만 어느 발전소든 발전기를 이용해 발전한다는 점은 똑같습니다. 발전기를 운행하는 에너지원이 다를 뿐입니다. 이 점을 이해하면 여러분이 얼마나 전자기 유도의

도움을 받는지 알 수 있습니다. 전자기 유도가 없었다면 현대인의 생활이 불가능했을 것입니다.

전자기 유도는 1831년 영국의 마이클 패러데이가 발견했습니다. 풍족한 환경에서 학문에 몰두할 수 있는 환경이 아니었음에도 위대한 과학적 발견을 한 것이죠. Introduction에서도 소개했듯이 패러데이는 수학을 제대로 배우지 못했습니다. 이는 과학자로서 치명적이라고 할 수 있습니다. 그럼에도 패러데이는 오로지 '실험'에 몰두했습니다. 그리고 실패를 거듭하며 도전하는 가운데 전자기 유도를 비롯한 많은 발견을 한 것입니다.

아라고의 원판

패러데이의 발견이 발전기로 응용되는 단초가 된 계기는 1824년 프랑스의 프랑수아 아라고가 고안한 아라고의 원판입니다. 오른쪽 그림처럼 자석을 회전시키면 원반도 같은 방향으로 회전합니다. 이는 전자기 유도 때문에 원반에 맴돌이 전류가 생겨 발생하는 현상입니다. 패러데이는 이를 조금 변형한 것입니다.

원판(금속판)

아라고의 원판에서는 자석을 고정해 회전시키고 원반을 손으로 돌려서 회전시킵니다. 그러면 원판에 맴돌이 전류가 발생합니다. 이 전류로 이용하자는 것이 패러데이가 생각한 발전기입니다. 정말 간단한 원리로 전기를 생산할 수 있음을 알 수 있습니다. 단순하기 때문에 위대한 발견인 것입니다.

14 교류 회로

교류 회로에서는 직류 회로에서는 불가능하다는 특징이 있습니다. 바로 전압과 전류의 위상이 일치하지 않는 관계입니다.

Point 전류의 위상이 전압보다 앞서거나 뒤처짐

교류 회로에서는 저항, 코일, 콘덴서 등의 회로 소자가 사용됨. 다음과 같은 차이점이 있음

저항

오른쪽 그림처럼 저항에서는 전류와 전압의 위상이 같음

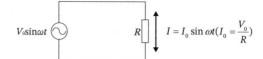

$$I = I_0 \sin \omega t \left(I_0 = \frac{V_0}{R} \right)$$

위상이 같다는 것은 전압이 최대가 되는 순간에 전류도 최대가 되는 것처럼 변하는 시점이 같다는 뜻임. 당연하다고 생각할 수도 있지만, 코일이나 콘덴서에서는 위상이 일치하지 않음

코일

오른쪽 그림처럼 코일은 전류의 위상이 전압보다 뒤임

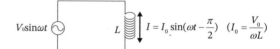

$$I = I_0 \sin\left(\omega t - \frac{\pi}{2}\right) \quad \left(I_0 = \frac{V_0}{\omega L} \right)$$

코일에서는 스스로의 변화를 방해하는 자기 유도가 발생함. 그 영향으로 큰 전압이 가해져도 전류가 바로 커지지 않음. 즉, 전압과 비교해 전류의 위상(변하는 시점)이 늦어지는 것임

콘덴서

오른쪽 그림처럼 콘덴서에서는 전류의 위상이 전압보다 앞임

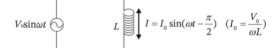

$$I = I_0 \sin\left(\omega t - \frac{\pi}{2}\right) \quad \left(I_0 = \frac{V_0}{\omega L} \right)$$

콘덴서가 비어 있는 상태일 때 전류는 가장 활발하게 흐름. 즉, 전압이 0(비어 있는)인 단계에서 전류는 최대가 되는 것임. 이는 전압에 전류의 위상이 진행됨을 나타냄

동쪽과 서쪽의 주파수가 다른 이유

전 세계적으로 송전은 교류로 이루어집니다(왜 직류가 아닌 교류를 사용하는지는 15에서 설명합니다). 그 주파수는 국가와 지역에 따라 다르지만 50Hz 또는 60Hz입니다.

'Hz'는 '회/초'라는 뜻으로 1초에 50번 또는 60번씩 전류의 방향이 바뀌는 것을 뜻합니다. 상상하기 어려운 속도입니다. 세계 대부분의 국가에서는 50Hz 또는 60Hz로 주파수가 통일되어 있습니다. 하지만 일본에는 동일본은 50Hz, 서일본은 60Hz로 주파수가 혼합 되어 있습니다(중국, 인도네시아 등 혼합된 나라도 있지만 소수입니다). 왜 그렇게 된 것 일까요? 여기에는 역사적인 이유가 있습니다.

메이지 시대의 도쿄전등사(현재의 도쿄전력)는 독일 지멘스사에서 교류 발전기를 수입해 화력 발전소를 설립했습니다. 이때 사용한 발전기는 바로 50Hz였고, 이후 관동 지방에서 는 50Hz 교류를 사용하기 시작했습니다. 반면 오사카덴토사(현 간사이전력)는 미국 제너 럴 일렉트릭(GE)사에서 60Hz의 교류 발전기를 수입했습니다. 그래서 관서 지방에서는 관동 지방과 달리 60Hz의 교류를 사용하게 된 것입니다. 이는 100년 이상 전의 일이며 지금까지 이어지고 있습니다.

물론 일본 전국 관점으로는 어느 한쪽으로 통일하려는 움직임도 있습니다. 하지만 전력 회사의 발전기나 변압기 교체, 공장 등의 모터나 자가발전기 교체 등 막대한 비용이 소요 됩니다. 사실상 어렵다고 판단하는 것입니다. 역사적 배경이 여러분의 현재 생활과 연결 되어 있다는 것을 알 수 있습니다.

역사가 달랐다면 현대 생활이 더 편리했을 수도 있고, 그 반대일 수도 있습니다. 그렇게 생 각하면 재미있습니다.

 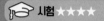
15 변압기와 교류 송전

발전소에서 생산된 전기는 대부분 교류로 송전됩니다. 그 이유는 교류라면 쉽게 변압할 수 있기 때문입니다.

Point 코일의 권선 수만 바꾸면 전압을 바꿀 수 있음

상호 유도(12 참고)를 이용하면 교류의 전압을 바꿀 수 있음. 교류를 변형하는 변압기는 다음 그림과 같은 구조임

1차 코일에 교류를 흘리면 상호 유도 때문에 2차 코일에 교류가 발생함. 이때 1차 코일의 전압과 2차 코일에서 발생하는 전압 사이에는 다음 식과 같은 관계가 있음

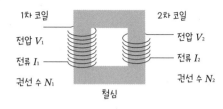

$$V_1 : V_2 = N_1 : N_2$$

즉, 코일에 발생하는 전압은 코일의 권선 수에 비례함

또한 변압기에서는 다음 식처럼 전력이 저장되는 것도 중요함

$$V_1 I_1 = V_2 I_2$$

고전압으로 송전 손실을 작게 함

전 세계적으로 송전에는 직류가 아닌 교류를 채택합니다. 교류에는 어떤 장점이 있을까요?

교류 송전이 선택된 데는 역사적 사건이 있습니다. 1879년 토머스 에디슨은 백열 전구를 발명했습니다. 그리고 각 가정에서 전구를 사용할 수 있도록 뉴욕에서 전선을 설치하는 사업을 시작했습니다. 당시 송전 방식은 직류였습니다. 하지만 직류 송전에 이의를 제기하는 사람이 있었습니다. 한때 에디슨과 동료이기도 했었던 니콜라 테슬라입니다. 테슬라는 교류로 송전해야 한다고 주장했습니다. 교류에는 두 가지 장점이 있기 때문입니다.

하나는 변압기를 이용해 전압을 변환할 수 있다는 점입니다. 전선을 이용한 장거리 송전은 전력 손실이 발생할 수밖에 없습니다. 이때 고전압으로 송전하면 흐르는 전류를 작게 할 수 있어 손실을 줄일 수 있습니다. 다음 그림을 살펴보면 변전소에서 전류가 변압될 때 전선의 전력 소비는 RI^2(R은 전선의 저항)로 표현됩니다. 그리고 흐르는 전류가 작을수록 전력 손실이 작아져 전력이 보존됩니다.

그런데 변전기에서 전압을 쉽게 변환할 수 있는 것은 교류이기 때문입니다. 직류에서는 전압을 쉽게 변환할 수 없어 송전에서의 전력 소비가 커집니다. 그래서 송전은 교류를 이용하는 것이 효율적입니다.

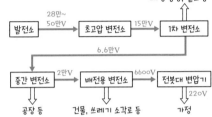

또한 교류는 교류 모터를 사용할 수 있다는 장점도 있습니다. 직류 모터는 브러시와 정류자 사이에 마찰이 발생하므로 주기적으로 교체해야 하며, 전압을 변경하지 않으면 회전수를 변경할 수 없습니다. 하지만 교류 모터는 직류 모터와 달리 브러시나 정류자가 필요하지 않습니다. 주파수를 변환하여 회전수를 제어할 수 있습니다.

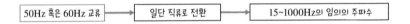

모터의 회전수는 주파수에 따라 결정되므로 앞과 같은 장치로 모터의 회전수를 제어할 수 있습니다. 청소기, 에어컨, 냉장고 등의 강약 조절은 주파수 변환의 원리로 이루어집니다. 참고로 여기서 말하는 '에어컨'은 강약을 조절할 수 있는 '인버터 에어컨'을 말합니다. 강약 조절 기능이 없던 시절 에어컨의 스위치는 ON/OFF만 있었습니다.

이 두 가지 장점 때문에 교류 송전의 선호도가 높아졌습니다. 여담으로 교류 송전을 주장한 테슬라는 에디슨과 결별하고 웨스팅하우스를 설립하는 데 참여했습니다. 에디슨이 설립한 회사는 제너럴 일렉트릭입니다.

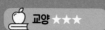

16 전자기파

제임스 클러크 맥스웰은 전자기학의 성과를 바탕으로 전자기파의 존재를 예언했습니다. 이를 실험으로 확인한 것이 바로 하인리히 루돌프 헤르츠입니다. 현대인의 생활은 전자기파 없이는 성립되지 않습니다.

Point! 전기장과 자기장의 변화가 전달되는 것이 전자기파

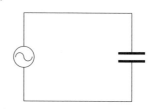

전자파는 다음과 같은 장치로 발생시킬 수 있음. 교류가 흐르는 회로는 콘덴서의 전하가 끊임없이 변화하며, 콘덴서 극판 사이의 전기장은 변화가 반복됨. 이렇게 변화가 반복되는 전기장은 주변에 진동하는 자기장을 생성하며, 진동하는 자기장은 주변에 진동하는 전기장을 만듦. 이 변화가 계속되면서 진동하는 전기장과 자기장이 공간으로 퍼져나가는 것이 전자기파임

전자기파는 빛의 속도로 전달된다는 것으로 예상되었고, 실험으로 확인됨. 따라서 빛(가시광선)은 전자기파의 일부라는 것이 밝혀짐

		명칭	파장	주파수
전파		VLF(초장파)	10~100km	3~30kHz
		LF(장파)	1~10km	30~300kHz
		MF(중파)	100m~1km	300~3,000kHz
		HF(단파)	10~100m	3~30MHz
		VHF(초단파)	1~10m	30~300MHz
	마이크로파	UHF(극초단파)	10cm~1m	300~3,000MHz
		SHF(센티미터파)	1~10cm	3~30GHz
		EHF(밀리미터파)	1mm~1cm	30~300GHz
		서브밀리파	100μm~1mm	300~3,000GHz
		적외선	770nm~100μm	3~400THz
		가시광선	380~770nm	400~790THz
		자외선	~380nm	790THz~
		X선	~1nm	30PHz~
		γ파	~0.01nm	3EHz

전자파 때문에 지탱되는 현대 생활

전자파의 활용 사례를 몇 가지 소개합니다.

먼저 TV 방송입니다. 아날로그 방송 시대에는 VHF(초단파) 대역 90~220MHz 전파와 UHF(극초단파) 대역 470~770MHz의 전파를 사용했습니다. 하지만 VHF 대역과 UHF 대역의 전파는 휴대폰도 사용하므로 휴대폰의 보급과 함께 이 대역이 매우 혼잡해졌습니다. 그래서 TV 방송에 사용하는 전파의 주파수 대역을 간단하게 하려고 디지털 방송으로 전환하게 되었습니다. 디지털 방송에서 사용하는 전파는 UHF 대역의 470~710MHz로 좁혀졌습니다. 이 때문에 비어 있는 대역을 휴대폰 등에 활용할 수 있는 것입니다.

그렇다면 디지털 방송은 아날로그 방송과 어떤 차이가 있을까요? 아날로그는 '연속(연결)', 디지털은 '이산(불연속)'을 뜻합니다. 아날로그 시계와 디지털 시계를 떠올려보면 알 수 있습니다. 전파에서는 다음과 같습니다.

아날로그 파동

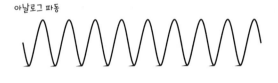

디지털 파동

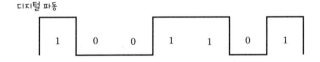

그렇다면 디지털 방송에서는 앞 그림의 디지털 파동을 사용하는 것일까요? 그렇지 않습니다. 디지털 방송이라지만 실제 사용하는 것은 아날로그 파동입니다. 아날로그 전파를 이용해 디지털 정보를 보내는 것입니다.

디지털 정보란 2진법의 '0' 혹은 '1'이라는 정보입니다. 다음 페이지와 같은 규칙을 정하면 아날로그 파동으로 디지털 정보를 전달할 수 있습니다. 다음 그림은 아날로그 파동으로 디지털 정보를 전달하는 디지털 방송의 구조입니다.

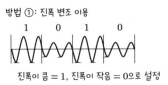

방법 ①: 진폭 변조 이용

1 0 1 0

진폭이 큼 = 1, 진폭이 작음 = 0으로 설정

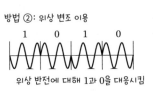

방법 ②: 위상 변조 이용

1 0 1 0

위상 반전에 대해 1과 0을 대응시킴

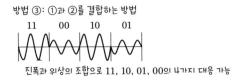

방법 ③: ①과 ②를 결합하는 방법

11 00 10 01

진폭과 위상의 조합으로 11, 10, 01, 00의 4가지 대응 가능

참고로 다음 그림처럼 위상 차이의 패턴을 늘리면 대응시키는 정보도 더 늘릴 수 있습니다(예를 들어 111에서 000까지의 8가지). 하지만 오수신이 많아진다는 단점도 있습니다.

디지털 방송에서는 압축 기술도 활용됩니다. 영상 정보를 매번 모두 보내면 정보량이 방대해지기 때문에 이전 화면에서 다음 화면으로 변하는 부분의 정보만 보내는 방식입니다. 정보를 상당히 압축할 수 있으므로 유용합니다.

참고로 TV 방송에서 사용하는 전파의 주파수는 라디오의 주파수보다 큽니다. 즉, 라디오의 전파보다 파장이 짧아 에돌이(회절)의 정도가 더 작아집니다. 안테나가 높은 건물 등의 그늘에 가려졌을 때 수신이 잘 안 되는 이유이기도 합니다.

케이블로 정보를 전달할 때는 전압을 켜고 끄거나 빛을 깜빡이는 방식으로 디지털 데이터를 전달할 수 있습니다. 전파로 정보를 전달할 때는 전압이나 빛을 이용하기 어려우므로 아날로그 파동을 사용하는 것입니다.

BUSINESS 라디오의 국제 방송에서 전파 활용

또 다른 예로 라디오의 국제 방송에서 전파를 활용한 사례를 소개합니다. 지구 상공에는 전리층이라는 영역이 있습니다. 이는 태양 광선이나 우주에서 오는 방사선 때문에 대기 중의 원자와 분자가 플라즈마 상태(원자에서 전자가 튕겨져 나와 양이온과 전자가 뒤섞인 상태)가 된 대기층을 말합니다. 전리층은 여러 층으로 나뉘는데, 전파는 각각 다음 그림처럼 전리층에서 반사됩니다.

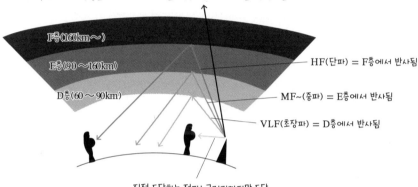

VHF, UHF 대역 등은 에너지가 크기 때문에(주파수가 크기 때문에) 투과함

F층(160km~)

E층(90~160km)

D층(60~90km)

HF(단파) = F층에서 반사됨

MF~(중파) = E층에서 반사됨

VLF(초장파) = D층에서 반사됨

직접 도달하는 전파: 근거리까지만 도달

F층에서 반사되는 HF(단파)가 가장 멀리까지 도달합니다. 그래서 국제 무선, 선박 무선, 아마추어 무선 등 원거리 통신에는 HF가 이용됩니다. 실제로는 F층에서 반사된 전파가 지표면에서 반사되고, 그것이 다시 F층에서 반사되는 등 여러 번 반사를 반복하며 전 세계로 전파가 전달됩니다.

참고로 E층에서 반사되는 MF(중파) 대부분은 D층에서 흡수되어 버립니다. 따라서 지표면을 통과하는 기본적인 전파로 취급해 AM 라디오 등에서 사용됩니다. 하지만 야간에는 D층이 사라지므로 E층에서 반사되어 멀리까지 도달합니다. 야간에 멀리 떨어진 방송국의 전파를 수신할 수 있는 것은 이 때문입니다.

Column

주파수 변환

후쿠시마 제1원자력 발전소 사고 이후, 특히 도쿄전력 관할 구역의 전력 부족이 문제가 되었습니다. 각 기업과 가정의 절전 노력으로 대규모 정전은 피했지만, 이때 관심을 갖게 된 것이 전력회사 사이의 전기 공급 탄력성입니다.

예를 들어 도쿄전력에서 전기가 부족하다면 중부전력 등에서 전기를 보내면 되는데, 주파수 차이라는 문제가 있습니다. 도쿄전력은 50Hz, 중부전력은 60Hz이기 때문입니다. 주파수가 다르면 그대로 전기를 보낼 수 없습니다. 그래서 도쿄전력 관할 구역과 중부전력 관할 구역의 경계 부근(나가노현과 시즈오카현)에 몇 개의 주파수 변환소가 설치되어 있습니다. 여기서 주파수 변환이 이루어져 전기를 서로 공급할 수 있도록 되어 있습니다. 큰 주파수 변환소는 3곳이 있으며, 변환 가능한 전력의 총량은 약 120만kW에 달합니다. 하지만 도쿄전력의 전력 공급력은 4000만kW가 조금 넘으므로 공급할 수 있는 양은 제한적입니다. 주파수 변환소에서는 다음 그림처럼 주파수를 변환합니다.

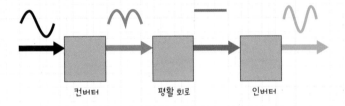

컨버터　　　　　평활 회로　　　　　인버터

컨버터는 교류를 직류로 변환하는 장치입니다. 하지만 컨버터는 교류의 −측을 +측으로 반전시킬 뿐, 일정한 전압의 직류로 만들 수는 없습니다. 그래서 평활 회로를 사용합니다. 평활 회로는 직류의 전압을 일정하게 만드는 장치입니다.

또한 직류를 교류로 바꿔주는 장치인 인버터를 사용합니다. 이때 인버터는 자유로운 주파수로 변환할 수 있습니다. 이런 순서로 주파수 변환이 이루어집니다.

보이지 않는 세계를 탐구함

지금까지 설명한 역학부터 전자기학까지는 19세기까지 확립된 학문입니다. 그리고 전자기학이 완성되면서 물리학은 완성되어 모든 현상을 설명할 수 있다고 생각했습니다. 하지만 20세기에 접어들면서 그렇지 않다는 것을 깨닫게 됩니다. 19세기까지의 물리학으로는 설명할 수 없는 현상들이 발견되었기 때문입니다. 이는 사람의 눈으로 볼 수 없는 미시 세계의 현상입니다.

구체적인 내용은 이 장에서 소개하겠지만, 역학부터 전자기학까지로 설명할 수 있는 것은 거시적인 세계의 현상입니다. 우리가 일상적으로 다루는 것은 거시적인 세계입니다. 그런 의미에서 전자기학까지의 물리학이 있으면 일상생활에 불편함이 없습니다.

20세기에 미시적인 세계를 탐구하려고 등장한 것이 양자역학입니다. 고등학교 물리학 수업에서 양자역학을 배울 때 무슨 말인지 잘 모르는 채로 끝났던 기억이 있는 분도 많을 겁니다. 양자역학은 우리의 상식적인 감각으로는 이해하기 어려운 학문이기 때문입니다. 양자역학을 이해하려면 다음과 같은 양자역학의 특징을 대략적으로 파악하는 것이 효과적입니다.

- 에너지는 비약적인 값만 취할 수 있습니다.
- 빛은 파동이지만 입자로도 행동합니다.
- 물질은 입자이지만 파동으로도 행동합니다.

하지만 앞 세 가지 특징은 모두 감각적으로 받아들이기 어려울 수 있습니다.

양자역학이 정립된 배경에는 수많은 실험이 있습니다. 모두 실험으로 입증된 진리입니다. 신비한 세계를 여행하는 기분으로 양자역학을 접하면 좋겠습니다.

양자역학에서 밝혀지는 것들은 우리로서는 '신기하다'라고 밖에 느낄 수 없는 것들뿐입니다. 그렇기 때문에 어려워하는 사람이 많은 분야이기도 합니다. 하지만 '신기함'을 계속 느끼면서 배울 수 있는 것이 양자역학이라는 학문입니다. 일상과 동떨어진 세계에 몰입하면서 생각을 정리하는 것은 즐거운 시간일 수도 있습니다.

양자 컴퓨터는 앞으로의 발전이 기대되는 분야입니다. 양자역학을 이용한 암호화 기술 등 새로운 기술의 탄생에 양자역학을 활용합니다.

시험에서 출제될 확률은 높지 않지만, 최근에는 조금씩 출제가 되기도 하는 추세입니다. 공부하기 어려운 분야인 만큼 시험에서는 기본적인 개념을 묻는 문제만 출제됩니다. 공부하면 반드시 맞출 수 있습니다.

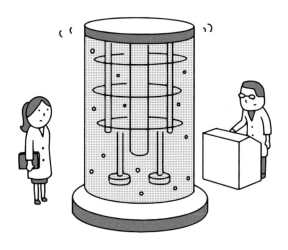

01 음극선

전기 회로 안을 흐르는 입자의 정체는 음전기를 띤 전자입니다. 전자의 존재가 발견되는 계기가 된 것이 음극선입니다.

음극선은 전기장이나 자기장 때문에 구부러짐

음극선

유리관 내부의 기압을 낮추고 수천 V의 고전압을 가할 때 발생하는 것이 음극선임. 음극선은 다음과 같은 성질이 있음

- 물체 때문에 가려져 그림자가 생김(직진성이 있음)
- 음전하를 띰
- 전기장이나 자기장을 이용해 궤도를 구부릴 수 있음
- 닿은 물체의 온도를 상승시킴(에너지를 전달함)

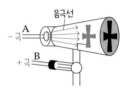

전자

음극선에 여러 가지 실험이 이루어진 결과, 음전하를 띤 입자라는 것이 밝혀졌음. 현재 전자라고 함. 전자의 전기량 절댓값은 '$e = 1.602176620 \times 10^{-19}$C'로 알려져 있음. 이 값은 물체가 갖는 전기량의 최소 단위가 되므로 기본 전하라고 함

기본 전하가 구해진 역사

음극선의 성질을 최초로 밝힌 사람은 영국의 J.J. 톰슨(J.J. Thomson)입니다. 톰슨은 음극선에 수직 방향으로 전기장이나 자기장을 가하는 실험을 했습니다.

음극선이 전기장 때문에 구부러지는 정도를 조사하면 음극선이 전장에서 얼마나 많은 정전기력을 받는지 알 수 있습니다. 그런데 구부러지는 정도는 질량에 따라 달라집니다. 질량이 클수록 잘 휘어지지 않습니다. 즉, 여기서 알 수 있는 것은 다음 식과 같은 비저항이라는 값입니다.

$$e/m = 1.758820024 \times 10^{11} \text{C/kg}$$

참고로 실제 구부러지는 정도는 전자의 초
속도에 따라 달라집니다. 이를 측정하려고
자기장을 가하는 실험도 합니다. 전자가 자
기장에서 받는 힘의 크기는 전자의 속도에
비례하기 때문입니다.

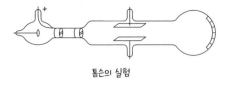

톰슨의 실험

기본 전하 발견

전자의 전기량은 미국의 물리학자 로버트 앤드루스 밀리컨의 실험으로 밝혀졌습니다. 그
는 전하를 띤 기름방울을 전기장 안에 떨어뜨려 움직임을 조사했습니다. 전기띠기(대전)
된 기름방울이 전기장에서 받는 정전기력은 기름방울의 중력과 공기 저항의 합과 균형을
이룹니다. 이 관계에서 기름방울의 전기량을 구할 수 있습니다.

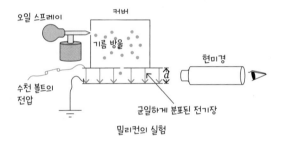

밀리컨의 실험

밀리컨은 많은 기름방울을 대상으로 전기량을 구했습니다. 그러자 그 값은 반드시 어떤
값의 정수배가 된다는 것을 알 수 있었습니다. 그 덕분에 전기량에는 최소 단위가 있다는
것을 알았고, 값은 $1.602176620 \times 10^{-19}$C였습니다. 이것이 바로 기본 전하이며, 전자가
가진 전기량 그 자체라는 것이 밝혀졌습니다.

그리고 비저항 '$e/m = 1.758820024 \times 10^{11}$C/kg'에 기본 전하 '$e = 1.602176620 \times$
10^{-19}C'를 대입하면 전자의 질량은 '$m = 9.10938356 \times 10^{-31}$kg'임을 알 수 있었습니다.

02 광전 효과

금속판에 빛을 비추기만 해도 전자가 튀어나올 때를 광전 효과라고 합니다. 이 발견에서 빛이 입자의 성질을 갖는다는 사실이 밝혀졌습니다.

Point! 광전 효과는 빛이 입자성을 가진다는 증거

아연판을 올려놓은 호일 검전기에 음전하를 주어 호일을 열린 상태로 만들고 해당 아연판에 자외선을 비추면 호일이 갑자기 닫힘. 호일이 닫히는 이유는 자외선을 쬐었을 때 아연판에서 음전하를 띤 전자가 튀어나와서 음전하가 사라졌기 때문임. 이를 광전 효과라고 함

음전하를 띠고 있으므로 호일이 열림

자외선을 비춤

광전 효과 때문에 전자(음전하)가 튀어나와 호일이 닫힘

자외선

광전 효과가 일어나는 요인

- 광전 효과는 조사하는 빛의 진동수가 일정값(=한계 진동수) 이상이어야 발생함
- 빛을 아무리 강하게 조사해도 한계 진동수보다 진동수가 작은 빛에서는 광전 효과가 일어나지 않음. 그 이유는 다음과 같이 이해할 수 있음

> 빛은 광자(빛알)라고 불리는 입자의 집합이며, 광자 1개는 크기 $h\nu$의 에너지가 있음(h: 플랑크 상수, ν: 빛의 진동수)
>
> ↓
>
> 금속판 안의 전자는 광자 1개에서 에너지를 받을 수 있음. 그 크기가 금속의 일함수(전자가 금속을 빠져나가는 데 필요한 에너지)를 넘으면 광전 효과가 일어나지만, 넘지 않으면 광전 효과는 일어나지 않음

어두운 별도 찾을 수 있는 이유

밤하늘을 올려다보면 밝은 별이든 어두운 별이든 쉽게 볼 수 있습니다. 어두운 별도 찾기가 어렵지 않습니다. 왜 그럴까요? 빛이 입자성이 있다고 생각하면 납득할 수 있습니다. 망막의 시세포는 빛을 받으면 뇌에 신호를 보냅니다. 하지만 신호를 보내려면 1eV 정도의 에너지를 받아 활성화되어야 합니다.

눈의 수정체는 별에서 온 약한 빛을 망막의 좁은 영역으로 모으는 역할을 합니다. 하지만 빛이 파동의 성질(파동성)만 있다면, 에너지는 수많은 세포에 분산되므로 세포가 활성화되는 데 시간이 걸립니다. 하지만 실제로는 빛에 입자성이 있으므로 바로 활성화됩니다. 광자 하나에는 몇 eV의 에너지가 있고, 빛이 입자인 한 이 에너지는 분산되지 않고 세포 하나로 전달되는 것입니다.

📋 BUSINESS 태닝의 정도는 자외선의 양에 따라 달라짐

햇볕이 강한 여름철에 야외에 나가면 햇볕에 그을립니다. 햇볕의 강도뿐만 아니라 장소에 따라 태닝의 정도도 달라집니다. 예를 들어 도시에 있을 때와 바다에 갔을 때라면 바다에 갔을 때 더 많이 태닝됩니다. 이는 자외선의 양 차이에 따른 것입니다.

도시에서는 대기오염 등으로 많은 자외선이 산란되어 있습니다. 그런데 파장이 짧은 자외선은 특히 산란되기 쉬우므로 빛의 양은 많아도 자외선이 많이 조사되지 않을 수 있습니다. 하지만 바다 쪽은 공기가 그다지 오염되지 않았을 때가 많아 자외선이 다량으로 조사됩니다.

진동수가 큰 자외선의 광자는 큰 에너지가 있습니다. 이는 피부에 태닝이라는 변화를 일으키기에 충분한 양입니다. 가시광선은 광자 하나하나의 에너지가 작으므로 많이 쬐어도 태닝이 잘 일어나지 않습니다.

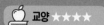

03 콤프턴 효과

물질이 X선을 쬐면 X선은 여러 방향으로 산란됩니다. 산란된 X선을 쬐면 쬐기 전보다 파장이 길어진 것을 발견할 수 있습니다.

! Point

광자의 운동량이 작아지면 파장이 길어짐

물질이 X선을 쬐면 산란된 X선 중 파장이 길어진 것을 발견할 수 있음. 이를 콤프턴 효과라고 함

X선에 입자성이 있다는 말은 수많은 광자의 모임이 있다는 것임. 그럼 광자 1개당 운동량 $p = h/\lambda$(λ: X선의 파장, h: 플랑크 상수)를 얻음

X선의 광자는 물질 속 전자와 부딪혀 산란함. 이때 운동량 보존 법칙이 성립하므로 전자의 운동량이 증가한 만큼 X선 광자의 운동량이 감소한다고 볼 수 있고, 운동량이 감소한다는 것은 파장 λ가 길어지는 것과 같음

이처럼 엑스레이가 콤프턴 효과를 일으키는 것은 X선에 입자성이 있다는 증거로 여겨짐

운동량 보존 법칙과 에너지 보존 법칙으로 산란된 X선의 파장을 구함

X선이 전자와 충돌해 산란될 때 파장이 얼마나 변하는지 구체적으로 구해보겠습니다. 오른쪽 그림과 같은 상황을 생각해 봅시다.

충돌하기 전의 광자는 운동량 h/λ가 있습니다. 이것이 앞 그림과 같은

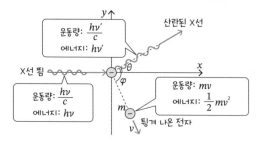

방향으로 흩어집니다. 파장이 λ'로 변했다고 가정하면, 운동량 보존 법칙은 다음과 같습니다.

$$x\text{축 방향}: \frac{h}{\lambda} = \frac{h}{\lambda'}\cos\theta + mv\cos\varphi \cdots ①$$

$$y\text{축 방향}: 0 = \frac{h}{\lambda'}\sin\theta - mv\sin\varphi \cdots ②$$

식 ①은 $mv\cos\varphi = \dfrac{h}{\lambda} - \dfrac{h}{\lambda'}\cos\theta$, 식 ②는 $mv\sin\varphi = \dfrac{h}{\lambda'}\sin\theta$로 변형할 수 있습니다. 또한 광자의 에너지는 hc/λ(c는 광속)으로 표현되므로 에너지 보존 법칙의 식은 다음처럼 구할 수 있습니다.

$$\frac{hc}{\lambda} = \frac{hc}{\lambda'} + \frac{1}{2}mv^2 \cdots ③$$

먼저 ①과 ②를 변형한 것을 각각 제곱해 더하면 $\sin^2\theta + \cos^2\theta = 1$이 됩니다. 따라서 다음과 같은 식이 성립합니다.

$$m^2v^2 - \left(\frac{h}{\lambda}\right)^2 + \left(\frac{h}{\lambda'}\right)^2 - \frac{2h^2\cos\theta}{\lambda\lambda'}$$

③에서 더 나아가면 다음과 같은 식이 성립합니다.

$$m^2v^2 = 2hmc \cdot \frac{\lambda' - \lambda}{\lambda\lambda'}$$

따라서 다음과 같은 식을 구할 수 있습니다.

$$\frac{2mc}{h} \cdot \frac{\lambda' - \lambda}{\lambda\lambda'} = \frac{1}{\lambda^2} + \frac{1}{\lambda'^2} - \frac{2\cos\theta}{\lambda\lambda'}$$

이 양변에 $\lambda\lambda'$를 곱하면 $\lambda \fallingdotseq \lambda'$일 때 $\dfrac{\lambda'}{\lambda} + \dfrac{\lambda}{\lambda'} \fallingdotseq 2$가 되므로 다음과 같은 식을 구할 수 있습니다.

$$\frac{mc(\lambda' - \lambda)}{h} \fallingdotseq 1 - \cos\theta$$

그리고 앞 식에서 다음 식처럼 산란 후의 파동을 구할 수 있습니다.

$$\lambda' = \lambda + \frac{h}{mc}(1 - \cos\theta)$$

04 입자의 파동성

콤프턴 효과는 파동에 입자성이 있음을 나타냅니다. 이와 반대로 입자 역시 파동성이 있는 것으로 알려져 있습니다.

Point 입자를 파동으로 생각한 것을 물질파라고 함

프랑스의 물리학자 루이 드 브로이는 빛이나 X선 등의 전자기파가 입자성을 나타낸다면, 입자 역시 파동성을 나타내는 것이 아닐까 생각해 드브로이 파(또는 물질파)를 발견했음. 드브로이 파의 파장은 다음 식과 같음

$$\lambda = \frac{h}{p} = \frac{h}{mv} \ (p: \text{입자의 운동량 크기}, \ h: \text{플랑크 상수})$$

이 생각이 옳다는 것은 고전압으로 가속된 전자의 흐름인 전자선이 파동의 성질인 에돌이(회절)을 하는 것으로 밝혀짐

전자의 파장은 매우 짧음

드브로이 파의 파장은 입자의 운동량이 작을수록 길어집니다.

아무리 큰 물체라도 파동성을 보이지만, 큰 물체일수록 운동량도 커서 파장이 매우 짧아지므로 파동성을 확인하기가 어렵습니다. 따라서 실제 파동성을 고려해야 하는 것은 전자와 같은 매우 미세한 입자입니다.

전자의 질량은 대략 9.1×10^{-31}kg입니다. 이것이 1.0×10^8m/s의 속도(광속의 1/3)로 운동한다고 가정해 봅시다. 플랑크 상수는 6.6×10^{-34}j·s이므로 전자의 파장은 다음 식과 같습니다.

$$\lambda = \frac{6.6 \times 10^{-34}}{9.1 \times 10^{-31} \times 1.0 \times 10^8} \fallingdotseq 7.3 \times 10^{-12} \text{m}$$

λ는 매우 작은 값입니다. 예를 들어 가시광선의 파장은 3.8×10^{-7}~7.7×10^{-7}m 정도인데, 이보다 훨씬 짧습니다.

광학 현미경은 가시광선을 이용한 것입니다. 아무리 정밀도가 높아도 가시광선 파장 정도 크기의 물체만 볼 수 있습니다. 하지만 전자를 사용하면 10^{-12}m 크기의 아주 작은 물체를 볼 수 있습니다. 이는 원자의 크기보다도 작은 값이므로 원자 하나하나를 식별하고 관찰할 수 있습니다.

전자는 고전압을 가하면 가속할 수 있습니다. 그리고 속도가 빨라질수록 파장이 짧아져 더 작은 물체를 볼 수 있습니다. 그럼 애초에 파장이 짧은 X선 등을 사용하면 될 것으로 생각할 수도 있습니다. 하지만 X선은 가시광선처럼 모으거나 펼치기가 어렵습니다. 전자는 전기장이나 자기장을 가하면 가시광선처럼 전자를 모을 수 있습니다. 마치 렌즈로 빛을 모으는 것과 같습니다.

이러한 전자선(electron ray)의 특성으로 개발된 것이 바로 전자 현미경입니다. 전자 현미경을 사용하면 원자 단위의 미세한 물체를 관찰할 수 있습니다.

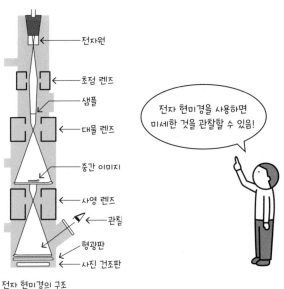

전자 현미경의 구조

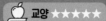
눈에 보이지 않는 작은 원자, 더 나아가 그 안이 어떻게 되어 있는지를 탐구하는 연구가 20세기 초에 이뤄졌습니다. 그 성과로 원자 안의 모습이 밝혀지고 있습니다.

Point α입자를 산란시키는 것은 원자핵임

러더퍼드의 원자 모형

오른쪽 그림과 같은 원자 모형이 실제 원자에 가깝다는 것은 러더퍼드의 다음 실험에서 밝혀짐. 얇은 금박에 α 입자(헬륨 원자핵. 원자보다 훨씬 작은 입자)를 쐬었을 때, 대부분은 경로를 굽히지 않고 통과함. 그중 극히 일부의 α 입자만 경로가 크게 휘어짐(대각선 산란)

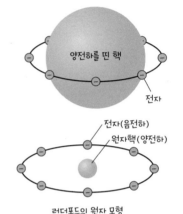

러더포드의 원자 모형

원자의 구조

원자 안에서 질량의 대부분이 중심이라는 한정된 영역에 집중되었다고 생각하면 잘 설명할 수 있으며, 원자의 구조는 다음 그림과 같음. 원자의 중심에는 양성자(양전하가 있음)와 중성자(전하가 없음)로 이루어진 원자핵이 있고, 그 주위를 전자(음전하가 있음)가 도는 구조임

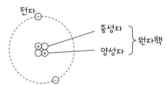

중성자의 수는 원자에 따라 다름. 양성자와 전자의 수 역시 원자에 따라 다르지만, 반드시 양성자와 전자는 같은 수로 포함되어 있음. 또한 양성자와 중성자의 질량은 거의 같으며, 그 값은 전자의 질량 1800배 이상이라는 것도 알려져 있음. 즉, 원자의 질량 대부분이 중심(원자핵)에 모여 있음

물체의 99% 이상은 진공 상태

영국의 핵물리학자 어니스트 러더퍼드의 실험에서 밝혀진 원자 모델에서 매우 흥미로운 사실을 알 수 있습니다. 원자의 크기는 종류에 따라 다르지만 대략 10^{-10}m 정도입니다. 너무 작아서 볼 수 없습니다. 그중 원자핵은 더 작아서 10^{-15}~10^{-14}m 크기입니다. 가장 큰 10^{-14}m도 원자 크기(10^{-10}m)의 1/10000에 불과합니다. 원자 전체의 크기를 돔구장 크기로 확대했을 때 원자핵은 그 중심에 놓인 1원짜리 동전에 해당되는 크기입니다. 존재한다는 사실을 알아차리지 못할 정도로 작습니다.

원자의 구성 요소는 핵과 전자로 이루어져 있습니다. 즉, 원자핵과 전자가 존재하지 않는 부분에는 아무것도 존재하지 않는 진공 상태입니다. 그럼 원자핵은 원자 속의 극히 일부분에 불과하므로 원자의 대부분(99% 이상)은 진공 상태라는 것을 알 수 있습니다.

지금 여러분은 의자에 앉아 이 책을 읽을지도 모릅니다. 아니면 기차 안에 서 있을 수도 있습니다. 의자도 기차 바닥도 원자들이 모여서 만들어졌습니다. 그 원자의 대부분이 진공이므로 텅 비어 있는 것입니다. 안심하고 앉아 있어도 괜찮을까요? 양자역학은 이런 의외의 세계도 알려 줍니다.

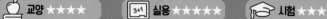

원자핵의 붕괴

원자핵에는 안정된 핵과 불안정한 핵이 있습니다. 불안정한 핵은 방사선을 내면서 다른 원자핵으로 변합니다. 이를 방사성 붕괴라고 합니다.

방사성 붕괴로 방출되는 방사선은 세 가지 종류가 있음

원자핵의 방사성 붕괴에는 α 붕괴와 β 붕괴가 있음

α 붕괴

α선(=헬륨 원자핵: 양성자 2개 + 중성자 2개)을 방출함

… 질량수가 4개 줄고, 원자 번호가 2개 줄어듦

(예) $^{226}_{88}\text{Ra} \rightarrow {}^{222}_{86}\text{Rn} + {}^{4}_{2}\text{He}$

β 붕괴

β선(=전자)을 방출함

… 질량수는 변하지 않고, 원자 번호가 1개 증가함(중성자가 양성자와 전자로 바뀌고, 양성자는 남고 전자가 방출되기 때문임)

(예) $^{206}_{81}\text{Tl} \rightarrow {}^{206}_{82}\text{Pb} + e^{-}$

반감기

α 붕괴나 β 붕괴로 생성된 원자핵은 불안정한 전자 들뜸(electronic excitation) 상태가 될 때가 많음. 따라서 여분의 에너지를 전자기파로 방출해 안정된 상태로 전이함. 이때 방출되는 전자파가 바로 γ선임

방사성 원자핵은 붕괴하면서 수를 줄여나감. 이때 반으로 줄어드는 데 걸리는 시간을 반감기라고 함. 반감기의 길이는 원자핵의 종류에 따라 다양함

(예)

원자핵	반감기
^{14}C	5,700년
^{40}K	1.25×10^{9}년
^{222}Rn	3.82일

방사선은 산업, 의료, 농업에 활용됨

방사선이 의료에 활용됨은 잘 알려져 있습니다. 또한 감자의 싹을 막는 등 농업에도 활용됨을 아는 분들도 많을 것입니다. 하지만 산업에도 많이 활용된다는 사실은 잘 알려져 있지 않은 것 같습니다. 여기서는 방사선의 산업적 활용 사례를 몇 가지 소개합니다.

BUSINESS 재료의 성능 향상

방사선을 쪼이게 하면 물질의 성질을 바꿀 수 있습니다. 예를 들어 타이어의 고무에 전자선을 쪼이게 하면 고무의 섬유 결합을 변화시켜 점착성을 조절할 수 있습니다. 또한 테니스 라켓에 사용되는 거트는 원래 양 등 동물의 장으로 만들어졌지만, 현재는 나일론 등 화학섬유로 만들어집니다. 여기에 γ선을 대면 탄성이 높아집니다.

BUSINESS 비파괴 검사와 내구성 검사

비파괴 검사는 재료의 내부에 흠집이나 결함이 없는지 분해하지 않고 검사하는 방법입니다. 검사에는 X선이나 γ선을 이용합니다.

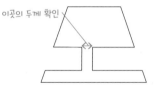

이곳의 두께 확인

또한 내구성 검사에서는 재료에 방사선을 계속 쬐게 해 얼마나 오래 견딜 수 있는지를 검사합니다. 예를 들어 우주선에 사용되는 태양전지판 등은 이 방법으로 내구성을 검사합니다. 보통은 물질의 내부를 알려면 해당 물질을 어느 정도 깨뜨려야만 알 수 있습니다. 그런데 전혀 깨뜨리지 않고도 검사할 수 있으니 얼마나 좋은 방법인지 바로 알 수 있습니다.

07 원자핵의 분열과 융합

원자핵은 융합과 분열이라는 정반대의 반응을 일으킵니다. 원자핵의 종류에 따라 융합을 일으키는 핵과 분열을 일으키는 핵이 있습니다.

Point 1. 모든 원자핵은 가장 안정된 철의 원자핵에 가장 가까움

핵융합

원자핵이 융합하는 반응을 핵융합이라고 함

(예) $4_1^1H \rightarrow {}_2^4He + 2e^+ + 2\nu$ (e^+: 양전자, ν: 뉴트리노)

핵융합은 원자 번호 26번인 철 원자(${}_{26}^{56}Fe$)보다 작은 원자핵끼리 일어남

핵분열

원자핵이 분열하는 반응을 핵분열이라고 함. 핵분열이 자연적으로 일어날 때는 거의 없지만, 큰 원자핵에 중성자를 쐬게 하면 일어날 수 있음

(예) ${}_{92}^{235}U + {}_0^1n \rightarrow {}^{144}Ba + {}_{36}^{89}Kr + 3{}_0^1n$

핵분열은 원자 번호 26번 철 원자(${}_{26}^{56}Fe$)보다 큰 원자핵에서 일어남

앞 내용은 모든 원자핵 중에서 ${}_{26}^{56}Fe$가 가장 안정적인 원자핵이라는 점에 기반함. 즉, 이보다 작은 원자핵은 융합으로 ${}_{26}^{56}Fe$에 가까워지고, 이보다 큰 원자핵은 분열로 ${}_{26}^{56}Fe$에 가까워지는 것임

핵융합은 꿈의 에너지원

지구 온난화가 심각해지고 화석연료의 고갈이 우려되는 지금, 화력발전을 대체할 수 있는 깨끗한 발전 방식이 모색되는 중입니다. 그중에서도 원자력 발전은 이미 실용화되어 있죠. 원자력 발전소에서는 우라늄의 핵분열 반응을 일으킵니다. 우라늄은 원자 번호 92로 매우 큰 원자핵입니다. 이것이 핵분열하면서 원자 번호 26번인 철에 가까워져 안정화됩니다. 이때 남는 에너지를 방출하는 것이죠. 이 에너지를 이용해 전력을 생산합니다.

144

지구에 우라늄 자원은 풍부합니다. 그리고 핵분열을 일으켜도 이산화 탄소를 배출하지 않습니다. 그래서 큰 기대를 모으며 실용화되어 왔습니다. 단, 안전성이나 방사성 폐기물 등 문제가 산적해 있는 것은 부인할 수 없는 사실입니다. 앞으로도 연구가 계속되어야 할 것입니다.

핵융합은 핵분열과 마찬가지로 큰 에너지를 방출합니다. 그 에너지를 이용하면 역시 발전이 가능할 것입니다. 이를 핵융합 발전이라고 하는데, 아직 실용화되지는 않았지만 전 세계에서 연구가 진행 중입니다.

BUSINESS 태양 속에서도 핵융합이 일어남

지구가 존재하는 것은 태양 안에서 일어나는 핵융합 덕분입니다. 태양의 중심부에는 대량의 수소 기체가 있습니다. 그것들이 다음과 같은 핵융합을 해 헬륨으로 변합니다.

$$4^1_1\text{H} \rightarrow {}^4_2\text{He} + 2\text{e}^+ + 2\nu$$

태양에서는 1초마다 6,000억kg의 수소가 핵융합되어 헬륨으로 바뀌고 있습니다. 그리고 초당 약 3.8×10^{26}J의 에너지를 방출하고 있습니다. 지구는 그중 극히 일부만 받아들입니다. 태양에서는 엄청난 속도로 수소가 소비됩니다. 하지만 태양의 질량은 약 2×10^{22}억 kg에 달합니다. 따라서 당분간은 수소가 고갈되지 않을 것입니다(앞으로 50억 년 정도는 괜찮을 것으로 추정됩니다).

태양의 중심에서 핵융합이 연속적으로 일어나는 이유는 매우 고온이기 때문입니다. 만약 지상에서 핵융합을 일으켜 에너지를 생산하려면, 태양과 거의 같은 고온의 환경을 만들어야 합니다. 이 점이 핵융합 발전을 실용화하는 데 필요한 과제입니다.

Column

두께 측정

제지 회사에서 화장지를 만들 때 β선이라는 방사선을 이용합니다. 화장지의 두께를 확인하려는 것입니다. β선은 얇은 종이는 통과할 수 있습니다(다음 그림 참고). 하지만 종이의 두께에 따라 β선의 투과량이 달라집니다. 이를 측정하면 종이의 두께를 알 수 있습니다.

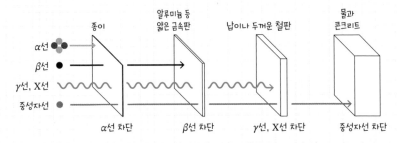

또한 철의 길이를 늘릴 때도 방사선 투과량으로 두께를 확인합니다. 철은 수천 도까지 가열되므로 직접 두께를 측정할 수 없습니다. 이때 방사선이 큰 도움이 됩니다. 그 외에도 식품 포장용 래핑 필름, 알루미늄 호일 등 두께를 균일하게 만들어야 하는 것들은 방사선을 이용해 두께를 정확하게 측정합니다.

양쪽에서 파낸 터널의 나머지 부분 두께를 확인할 때도 γ선을 이용한다고 합니다.

Introduction

화학 학습의 시작은 이론 화학

세상에는 수많은 화학 반응이 일어납니다. 그리고 이를 다양한 제품을 만드는 데 활용합니다. 화학 이론을 응용하는 것은 무기 화학이나 유기 화학입니다. 이는 현업에서 화학 반응이 어떻게 활용되는지 구체적인 사례를 나열하는 것이기도 합니다.

하지만 화학 이론이 어떻게 활용되는지 알려면 먼저 이론 화학을 제대로 이해해야 합니다. 이 장에서는 먼저 화학을 이해하는 데 필요한 이론을 배웁니다. 모든 화학 반응에는 '왜 그런 변화가 일어나는가'라는 원인이 있습니다. 이를 이해하는 것이 화학을 이해하는 지름길입니다. 그래서 화학 학습의 시작은 이론 화학입니다.

이론 화학을 공부할 때 중요한 것은 '미시적 안목'입니다. 화학을 배울 때 일상과 조금 다른 관점을 두면 이해하기 쉬워집니다. 그것이 바로 '미시적 안목'인 것입니다. 여기서 '미시'는 우리 눈에 보이지 않는 작은 세계, 구체적으로 물질을 구성하는 원자나 분자 등의 작은 입자를 말합니다. 이런 것들이 모여서 세상의 모든 물질이 만들어지는 것입니다.

물질을 구성하는 미시적 입자 하나하나의 성질을 알면, 그 집합체인 거시적 물질의 성질을 알 수 있습니다. 미시와 거시는 서로 밀접하게 연결되어 있습니다.

화학 계산의 기본 사고방식

화학을 깊이 이해하려면 계산에 능숙해야 합니다. 화학 계산의 기본은 '물질량(몰)'이라는 개념입니다. 고등학교 화학을 배우는 데 첫 번째 장애물이기도 하므로, 이해하는 데 어려움을 겪은 분도 있을 것입니다. 하지만 물질량(몰)이라는 개념은 결코 화학을 어렵게 하려는 것이 아니라, 다양한 현상을 쉽게 생각할 수 있도록 도와주는 도구입니다. 그런 점을 의식하면서 복습해 보기 바랍니다.

📖 교양 독자가 알아 둘 점

미시적 안목은 일상생활에서는 잘 의식하지 않는 부분입니다. 화학의 눈을 익히면 거시적 세계의 인식도 달라질 것입니다.

📑 업무에 활용하는 독자가 알아 둘 점

전지는 화학 반응으로 전류를 만들어 냅니다. 그 원리를 모르면 전지를 개발할 수 없습니다. 현재 다양한 전지가 만들어지는 중입니다. 예를 들어 가볍고 오래가는 전지는 전기 자동차에 필수 요소고 탈탄소 세상에도 화학 반응이 우선시됩니다. 이처럼 화학 반응이 뒷받침하는 제품은 일일이 열거할 수 없을 정도로 많습니다.

🎓 수험생이 알아 둘 점

먼저 화학의 이론을 익히지 않으면 화학은 그저 암기 과목으로 여겨질 뿐입니다. 무미건조한 학습이 되지 않으려면 이론을 이해하는 것이 중요합니다. 이론 화학을 깊이 이해하면 다양한 물질 사이의 연결고리를 알 수 있습니다.

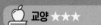
01 혼합물의 분리

세상에 존재하는 대부분의 물질은 두 가지 이상의 물질이 섞인 혼합물로 이뤄져 있습니다. 이를 물질 하나하나로 분리해 이용할 수 있습니다.

Point

혼합물의 종류에 따라 분리 방법을 다르게 함

혼합물을 분리하는 방법에는 다음과 같은 것이 있음

여과

여과지를 사용해 고체와 액체 혼합물에서 고체를 분리함

증류

끓는점이 다른 액체끼리 혼합물이나 고체가 녹아 있는 액체를 가열한 후 끓는점의 차이를 이용해 분리함

추출

물질에 따른 용매의 용해도 차이를 이용해 혼합물에서 특정 물질만을 용매에 녹여냄

크로마토그래피

혼합물을 용매와 함께 여과지나 실리카젤이라는 입자 속을 이동시키면 이동 속도의 차이를 이용해 분리할 수 있음

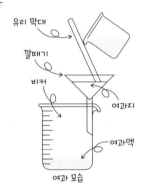

유리 막대
깔때기
비커
여과지
여과액

여과 모습

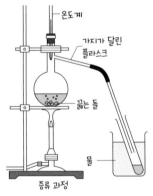

온도계
가지가 달린 플라스크
끓는 돌
물

증류 과정

성질의 차이를 이해하고 분리 방법을 선택함

혼합물을 분리하는 방법은 여러 가지가 있습니다. 그중에서 어떤 방법을 선택할 것인가는 분리하려는 물질에 어떤 성질의 차이가 있는지에 따라 달라집니다. 이용하는 성질의 차이는

Point에서 정리한 바와 같지만, 특히 크로마토그래피는 이해하기 어려우므로 보충 설명합니다.

크로마토그래피는 주변에서 쉽게 구할 수 있는 물질을 이용할 수 있습니다. 두꺼운 종이를 가늘고 길게 잘라 가장자리에서 몇 cm 떨어진 곳에 수성펜으로 표시합니다. 표시한 부분이 물에 잠기지 않도록 물에 담급니다. 그대로 잠시 두면 오른쪽과 같이 잉크에 포함된 색소가 분리되는 모습을 관찰할 수 있습니다. 이렇게 하면 수성펜의 잉크에 몇 색의 색소가 들어 있었는지 알 수 있습니다. 펜으로 표시를 하면 색소는 종이에 흡착되는데, 염료의 종류에 따라 흡착력이 달라집니다.

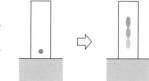

물이 종이에 스며들 때 염료도 함께 이동합니다. 이때 종이에 흡착력이 강한 염료일수록 천천히 이동합니다. 이러한 성질의 차이를 이용하는 것이 바로 크로마토그래피라는 기법입니다.

BUSINESS 석유 콤비나트에서 이뤄지는 작업

우리가 사용하는 연료의 대부분은 석유를 증류해 얻습니다. 그래서 석유 콤비나트에서는 다음과 같은 일이 이뤄집니다.

지하에서 채굴되는 석유(원유)에는 오른쪽 표와 같은 성분이 포함되어 있습니다. 그리고 각각 끓는점이 다릅니다.

성분	끓는점	사용 예시
석유 기체	30℃ 이하	가스레인지의 연료, 택시 연료
나프타	30~180℃	플라스틱의 원료
등유	180~250℃	히터 및 비행기 연료
경유	250~320℃	트럭 연료
중유	더 높은 온도	도로 포장, 화력발전 연료

이러한 연료를 사용하려면 원유를 성분별로 구분해야 합니다. 성분에 따라 끓는점이 다르다는 점을 이용해 증류하는 것입니다.

병원이나 실험실 등에서 사용하는 산소나 질소 등도 증류를 이용해 만들어집니다. 이들은 공기의 성분으로 포함되어 있지만, 공기 중에서는 혼합되어 있습니다. 이를 끓는점의 차이(산소는 −183℃, 질소는 −196℃ 등)를 이용한 증류 과정으로 분리하는 것입니다.

02 원소

이 세상의 모든 물질은 눈에 보이지 않는 작은 알갱이인 원자가 모여서 만들어집니다.
원자는 100가지 이상의 종류가 있는 것으로 알려져 있습니다.

Point 원자의 종류를 원소라고 함

원자의 종류를 원소라고 함. 각각의 원자에는 원자 번호가 붙고, 원자 번호 순서
대로 원소를 나열한 것이 주기율표임. 주기율표를 보면 세상에 존재하는 모든 원
소를 알 수 있음

	1	2	3	4	5	6	7	8	9	10	11	12	13	14	15	16	17	18
1	1 H 수소																	2 He 헬륨
2	3 Li 리튬	4 Be 베릴륨											5 B 붕소	6 C 탄소	7 N 질소	8 O 산소	9 F 플루오린	10 Ne 네온
3	11 Na 소듐	12 Mg 마그네슘											13 Al 알루미늄	14 Si 규소	15 P 인	16 S 황	17 Cl 염소	18 Ar 아르곤
4	19 K 포타슘	20 Ca 칼슘	21 Sc 스칸듐	22 Ti 타이타늄	23 V 바나듐	24 Cr 크로뮴	25 Mn 망가니즈	26 Fe 철	27 Co 코발트	28 Ni 니켈	29 Cu 구리	30 Zn 아연	31 Ga 갈륨	32 Ge 저마늄	33 As 비소	34 Se 셀레늄	35 Br 브로민	36 Kr 크립톤
5	37 Rb 루비듐	38 Sr 스트론튬	39 Y 이트륨	40 Zr 지르코늄	41 Nb 나이오븀	42 Mo 몰리브데넘	43 Tc 테크네튬	44 Ru 루테늄	45 Rh 로듐	46 Pd 팔라듐	47 Ag 은	48 Cd 카드뮴	49 In 인듐	50 Sn 주석	51 Sb 안티모니	52 Te 텔루륨	53 I 아이오딘	54 Xe 제논
6	55 Cs 세슘	56 Ba 바륨	L 란타넘족	72 Hf 하프늄	73 Ta 탄탈럼	74 W 텅스텐	75 Re 레늄	76 Os 오스뮴	77 Ir 이리듐	78 Pt 백금	79 Au 금	80 Hg 수은	81 Tl 탈륨	82 Pb 납	83 Bi 비스무트	84 Po 폴로늄	85 At 아스타틴	86 Rn 라돈
7	87 Fr 프랑슘	88 Ra 라듐	A 악티늄족	104 Rf 러더포듐	105 Db 두브늄	106 Sg 시보귬	107 Bh 보륨	108 Hs 하슘	109 Mt 마이트너륨	110 Ds 다름슈타튬	111 Rg 뢴트게늄	112 Cn 코페르니슘	113 Nh 니호늄	114 Fl 플레로븀	115 Mc 모스코븀	116 Lv 리버모륨	117 Ts 테네신	118 Og 오가네손

같은 원소로 만들어졌지만 성질이 다른 것이 있음

연필심은 주로 흑연이라는 탄소 덩어리로 만들어집니다. 흑연에 점토를 섞어 굳힌 것이죠.
그런데 놀랍겠지만 반짝반짝 빛나는 값비싼 다이아몬드도 같은 탄소로 만들어졌습니다.
흑연과 다이아몬드의 재료는 완전히 같습니다. 이처럼 같은 원소로 만들어졌지만 성질이
다른 것을 동소체라고 합니다.

또 다른 예로는 산소와 오존을 들 수 있습니다. 산소는 우리가 살아가는 데 없어서는 안될 기체인데, 자외선과 반응해 오존으로 변할 수 있습니다. 그렇게 만들어진 것이 상공수십 킬로미터 상공에 존재하는 오존층입니다. 오존층은 지구를 자외선으로부터 보호합니다. 이때 오존이 자외선과 반응해 산소로 돌아가는 것입니다. 산소가 오존이 되는 것도, 오존이 산소로 돌아가는 것을 돕는 것도 자외선인데, 파장이 다르므로 두 가지 반응이 모두 일어나는 것입니다. 이처럼 산소와 오존은 같은 원소이므로 동소체라고 할 수 있습니다.

그렇다면 왜 같은 원소로 만들어졌는데도 성질이 다른 것일까요? 그 비밀은 원자끼리 모이는 방식에 있습니다. 원자는 종류뿐만 아니라 결합 방식도 중요합니다.

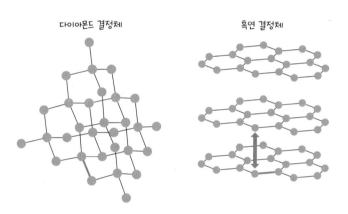

다이아몬드 결정체   흑연 결정체

BUSINESS 다양한 색깔의 불꽃놀이가 있는 이유

여름에 주로 하는 불꽃놀이는 화려한 색채를 자랑합니다. 불꽃놀이의 불꽃색 차이는 포함되는 원소의 차이 때문에 만들어집니다. 물질을 화염 속에 넣으면 포함된 원소에 따라 특유의 색을 낼 때가 있습니다. 이를 불꽃 반응이라고 합니다. 포함된 원소와 불꽃색의 관계는 오른쪽 표와 같습니다.

함유된 원소	색상
리튬	빨간색
소듐	황색
칼륨	보라색
바륨	황록색
칼슘	오렌지색
구리	청록색
스트론튬	빨강

불꽃놀이 화약에는 앞 표의 원소들이 잘 배합되어 있습니다. 이를 이용해 원하는 색을 연출할 수 있는 것입니다.

원자의 구조

모든 물질을 구성하는 원자의 속을 들여다보면 더 많은 내용물이 있음을 알 수 있습니다.

원자의 구성 요소는 '양성자', '중성자', '전자'

원자는 다음과 같은 구조라고 알려져 있음

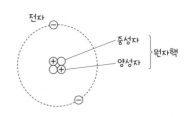

- 양성자는 양전기, 전자는 음전기가 있으며, 그 절대값은 같음. 또한 원자 하나 안에 있는 양성자와 전자의 수가 같음. 따라서 원자는 전기적으로 중성임
- 중성자는 전기가 없음. 양성자와 중성자가 모인 것이 원자핵임
- 원자 안에 있는 양성자의 수를 원자 번호라고 하며, 이 순서대로 원소를 배치한 것이 주기율표임
- 양성자와 중성자 수의 합을 질량수라고 함. 그 이유는 양성자와 중성자의 질량이 거의 같고 전자의 질량은 양성자나 중성자와 비교했을 때 무시할 수 있을 정도로 작기 때문임. 즉, 원자의 질량은 양성자와 중성자 수의 합으로 추정함

원자는 나눌 수 있음

'atom'을 한자로 표현한 것이 '원자(原子)'입니다. atom에는 '나눌 수 없는 것'이라는 뜻이 있는데, 19세기까지 원자가 물질의 최소 단위라고 생각했기 때문입니다. 하지만 20세기에 접어들면서 원자에도 많은 구성 요소가 있다는 것이 밝혀졌습니다. 즉, 원자는 최소 단위가 아니었던 것입니다.

원자에 구성 요소가 있고 매우 한정된 영역에 집중되어 있다는 발견은 20세기 초 영국의 어니스트 러더퍼드의 실험에서 밝혀졌습니다. 러더퍼드는 금박에 α 입자를 쬐게 한 후 발생하는 산란에서 모든 원자의 중심에 원자핵이 존재한다는 것을 발견했습니다. 다음 쪽의 그림은 금의 원자핵 때문에 발생하는 α 입자의 산란 형태입니다.

현재 원자핵의 크기는 $10^{-15} \sim 10^{-14}$m로 알려져 있습니다. 그리고 원자 자체는 대략 10^{-10}m 정도의 크기입니다. 둘 다 극히 작은 크기지만, 원자의 크기와 비교했을 때 원자핵은 $10^{-5} \sim 10^{-4}$배 (1/100000~1/10000)에 불과하다는 것을 알 수 있습니다. 이는 원자 안에는 거의 아무것도 없다는 뜻으로 진정한 진공 상태입니다.

여러분의 몸을 구성하는 원자도, 여러분이 편안하게 앉아 있는 의자를 구성하는 원자도 99% 이상이 진공입니다. 그 속에서 물질이 안정적으로 존재한다는 사실은 신기하게 느껴집니다.

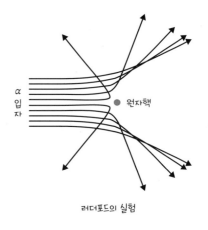

α 입자

● 원자핵

러더포드의 실험

🖥 BUSINESS 전자 현미경을 이용한 관찰

전자 현미경은 원자 주위를 도는 음전기를 띤 전자를 이용해 물질을 구성하는 원자를 직접 볼 수 있습니다. 그래서 사물을 원자 단위로 관찰해야 하는 아주 미세한 세계를 조사하는 연구에서 활용합니다. 예를 들어 0.001m 정도 두께의 초박형 금박을 전자 현미경으로 관찰하면, 무려 3,000여 개의 금 원자가 쌓여 있는 것을 확인할 수 있습니다.

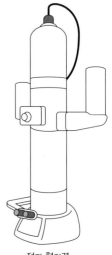

전자 현미경

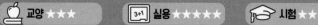
04　방사성 동위원소

같은 원자 번호의 원자라도 중성자 수가 다른 것이 존재합니다. 중성자 수가 다르면 성질도 달라집니다.

!Point　방사선에는 종류가 있음

동위원소

원자 번호가 같더라도(양성자 수가 같더라도) 중성자 수가 다른 원자를 동위원소라고 함. 원자 번호가 같으면 중성자 수에 관계없이 주기율표에서 같은 위치를 차지하기 때문임

동위원소의 화학적 성질은 거의 같지만, 동위원소 중에는 방사선을 방출하는 것이 있음. 이를 방사성 동위원소라고 함

방사선의 종류

방사선에는 다음 종류가 있음

- α선: 헬륨 원자핵이 광속의 5% 정도의 속도로 날아감

    헬륨 원자핵　⊕⊕　⟶

- β선 : 전자가 광속의 90% 정도의 속도로 날아감

    전자　⊖　⟶

- γ선 : 전자기파(빛과 같은 속도)

방사선을 방출하는 동위원소는 극히 일부임

탄소 원자 C에는 다음 표와 같은 동위원소가 존재합니다.

자연계에는 많은 탄소 원자가 존재하지만, 그중 99%는 $^{12}_{6}C$입니다. 나머지 1%의 대부분도 $^{13}_{6}C$이고, $^{14}_{6}C$의 비율은 극히 일부분입니다.

이러한 동위원소 중 $^{14}_{6}C$만 방사선을 방출하는 성질이 있습니다. 이것이 바로 방사성 동위원소입니다.

탄소 원자의 동위원소	중성자 수
$^{12}_{6}C$	6
$^{13}_{6}C$	7
$^{14}_{6}C$	8

📘 BUSINESS 연대 측정에 활용

대기 중의 이산화 탄소에는 C(탄소)가 포함되어 있습니다. 그중 $^{14}_{6}C$의 비율은 일정하게 유지되는 것으로 알려져 있습니다. 식물은 대기 중 이산화 탄소를 계속 흡수합니다. 따라서 살아있는 식물에 포함된 $^{14}_{6}C$의 비율도 일정하게 유지됩니다. 하지만 식물이 죽어 이산화 탄소를 더 이상 흡수하지 못하면 변화가 일어납니다. 이때 $^{14}_{6}C$는 방사선을 내뿜으며, 다른 종류의 원자로 바뀝니다. 즉, 식물이 죽고 나면 $^{14}_{6}C$의 양이 줄어드는 것입니다.

$^{14}_{6}C$가 방사선을 내뿜으며 변하고 그 양이 절반으로 줄어드는 데는 약 5730년이 걸립니다. 이를 반감기라고 하며, 연대 측정에 활용됩니다. 예를 들어 어떤 유적지에서 나무가 발견되었다고 가정해 봅시다. 그 나무에 포함된 $^{14}_{6}C$의 비율을 조사해 대기 중 $^{14}_{6}C$의 비율과 비교하는 것입니다. 만약 대기 중의 $^{14}_{6}C$ 비율이 절반이라면, 그 나무가 베어진(유적이 만들어진) 시기가 대략 5730년 전이라고 판단할 수 있습니다. 비율이 1/4로 줄었다면 5730년의 2배(11460년 전)라는 것을 알 수 있습니다.

즉, $^{14}_{6}C$가 어느 정도 비율로 포함되었는지는 그 물질의 방사능을 측정하면 알 수 있고, 그 값으로 그 물질이 살았던 시대까지 알 수 있습니다. 방사성 동위원소는 역사 규명에도 활용하는, 그야말로 시대를 넘나드는 도구인 셈입니다.

 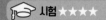

05 전자 배치

원자 안에는 양성자와 같은 수의 전자가 존재하며, 정해진 위치에 배치되어 있습니다.

> !Point
> ### 전자가 들어갈 껍질에는 정원이 있음
>
> 원자 안에서 전자가 존재할 수 있는 공간을 전자 껍질이라고 함. 전자 껍질은 여러 개가 있으며, 원자핵에 가까운 쪽부터 다음 그림처럼 이름이 있음. 또한 전자 껍질 각각에는 최대 수용 전자 수가 있으며, 이를 초과하는 전자는 들어갈 수 없음
>
>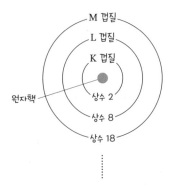

전자가 들어가는 규칙성

원자 안에는 전자가 들어갈 수 있는 곳이 여러 군데 있습니다. 각각 일정한 개수가 정해져 있으므로 전자가 많이 있을 때는 분산되어 있습니다. 그렇다면 전자가 하나밖에 없을 때는 어떨까요? 원자 번호 1번인 수소 원자의 이야기입니다.

전자가 하나라고 해서 어느 전자 껍질에 들어가도 상관없다는 뜻은 아닙니다. 실제로는 가장 안쪽 K 껍질에 들어갑니다. 즉, 전자는 가능한 한 안쪽 전자 껍질부터 채워지도록 배치되는 것입니다. 하지만 안쪽이 다 채워지지 않은 상태에서 1개가 바깥쪽으로 들어가기도 합니다. 이때 다음 그림의 ①부터 순서대로 화살표 방향으로 전자가 채워진다는 규칙성이 있습니다.

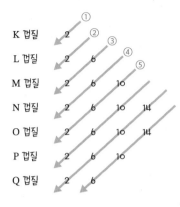

K 껍질 2 ①

L 껍질 2 6 ②

M 껍질 2 6 10 ③

N 껍질 2 6 10 14 ④

O 껍질 2 6 10 14 ⑤

P 껍질 2 6 10

Q 껍질 2 6

이렇게 전자가 채워지는 규칙성을 전자 배치라고 합니다.

가장 바깥쪽에 배치된 전자를 최외각 전자라고 합니다. 사실 원소의 주기율표는 최외각 전자의 수가 같은 것이 세로로 나란히 놓이도록 작성되어 있습니다. 왜냐하면 최외각 전자는 원자의 성질에 큰 영향을 미치며, 그 수가 같은 것일수록 성질이 비슷하기 때문입니다. 참고로 주기율표에서 세로로 나란히 정렬된 그룹을 족이라고 합니다.

전자 껍질이 A 껍질부터 시작하지 않고 K 껍질부터 시작하는 것은 발견 초기에 '혹시 더 안쪽에 미발견된 전자 껍질이 존재할지도 모른다'는 생각에서 비롯된 것입니다. 미발견된 전자 껍질이 발견된다면 이름을 붙일 수 있도록 A~J는 사용하지 않고 남겨두는 것입니다.

BUSINESS 반도체의 원료

원자 번호 14인 규소(Si, 실리콘)는 전자 회로에 이용되는 반도체를 지탱하는 원소이며, 반도체의 재료로 유용하게 사용됩니다. 규소는 암석 등의 주성분으로 자연계에 풍부하게 존재합니다. 이를 잘 활용하는 것입니다.

또한 반도체에는 원자 번호 32번인 저마늄(Ge)이 많이 사용되기도 합니다. 규소와 저마늄은 모두 주기율표의 14족(최외각 전자의 수가 같음)에 속하므로 두 원소의 성질이 비슷하기 때문입니다.

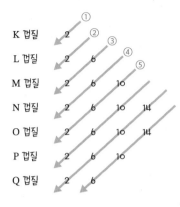
Chapter 5 화학편 – 이론 화학

159

06 이온

원자 안에는 안정된 원자와 불안정한 원자가 있습니다. 이는 전자 배치에 따라 결정됩니다.

원자의 이상향은 비활성 기체

05에서 설명했듯이, 원자 안의 전자는 규칙성에 따라 배치됨

	원자가 전자의 수							

원자핵, 전자 껍질, 전자 배치

예를 들어 원자 번호 2 He(헬륨)으로 K 껍질이 채워지면, 이어지는 원자 번호 3 Li(리튬)에서는 그 1개 바깥쪽의 L 껍질에 전자가 들어감. 원자 번호 10 Ne(네온)이라면 L 껍질도 8개의 전자로 채워짐. 따라서 원자 번호 11 Na(소듐)에서는 더 바깥쪽의 M 껍질에 전자가 들어감. 이처럼 어떤 전자 껍질이 채워지는 경계가 존재하며, 그 시점에 원자는 매우 안정된 상태가 됨. 이를 비활성 기체라고 함

비활성 기체가 아닌 다른 원자도 가급적이면 비활성 기체처럼 되려고 함. 그러려면 전자 배치를 바꿀 필요가 있고, 그 결과 이온이 탄생하는 것임

이온의 전자 배치는 비활성 기체와 동일함

원자 번호 11 Na을 생각해 보겠습니다. 전자 배치는 오른쪽 그림과 같습니다.

만약 M 껍질에 있는 전자 1개가 없다면 원자 번호 10 Ne과 같은 전자 배치가 되어 안정화됩니다. 그래서 실제 Na 원자는 전자를 하나 방출해 Ne과 같은 전자 배치를 이룹니다. 이때 원자핵에 있는 양성자의 수는 변하지 않습니다. 즉, 양(플러스)의 양은 변하지 않고 음(마이너스)의 양만 줄어드는 것입니다. 그 결과 원자는 +11 − 10 = +1

M 껍질

이라는 전기를 갖습니다. 이렇게 원자가 전기를 갖는 상태가 된 것을 이온이라고 하며, Na$^+$로 표현합니다.

또 다른 예도 소개합니다. 원자 번호 17 Cl는 오른쪽 그림과 같은 전자 배치입니다. 이때도 M 껍질에서 전자 7개를 방출하면 되지만 쉽지 않습니다. 반대로 M 껍질에 전자 1개만 받아들이면 원자 번호 18 Ar과 같은 전자 배치가 되어 안정화됩니다.

이때 +17 − 18 = −1이라는 전기를 갖는 것이므로 Cl$^-$로 표현합니다.

앞처럼 이온에는 양전기가 있는 것과 음전기가 있는 것이 존재합니다. 양전기를 띤 것을 양이온, 음전기를 띤 것을 음이온이라고 합니다.

BUSINESS 이온식 공기청정기의 작동 원리

공기청정기에는 이온을 발생시키는 타입의 공기청정기가 있습니다. 이온식 공기청정기는 고전압으로 공기 중에 이온의 흐름을 발생시킵니다. 그 작용으로 공기 중의 미립자(먼지나 먼지)에 전기를 띠게 하는 것입니다.

전기를 띤 미립자는 양전극 또는 음전극에 끌립니다(미립자가 있는 전기와 반대되는 전기에 끌립니다). 이런 원리로 공기를 깨끗하게 할 수 있습니다.

 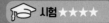
07 원소의 주기율

원자를 원자 번호 순서대로 배치한 주기율표에는 성질이 비슷한 원소들이 주기적으로 등장합니다. 이를 주기율이라고 합니다.

> **Point**
>
> ## 성질이 비슷한 '동족 원소'
>
> - 원소를 원자 번호 순서대로 나열한 주기율표에서는 원자의 최외각 전자 수가 하나씩 늘어남. 전자 껍질 하나에 전자 8개가 채워지면 다음 줄(주기)로 넘어가도록 배치하면 최외각 전자 수가 같은 원소들이 세로로 나란히 정렬됨
> - 주기율표에서 세로로 늘어선 그룹을 족이라고 함. 같은 족에 속하는 원소를 동족 원소라고 함
> - 주기율표에는 18개의 세로 열이 있으며, 그중 특히 1, 2, 17, 18번째 열에 정렬된 원소들의 성질이 비슷함. 그래서 이들에게는 특별히 다음 그림 같은 이름이 붙여짐
>
>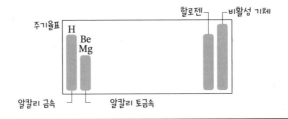

알칼리 금속의 물체를 가까이에서 볼 수 없는 이유

2019년 노벨 화학상은 리튬 이온 전지 개발에 기여한 존 구디너프, 스탠리 휘팅엄, 요시노 아키라가 공동 수상했습니다. 리튬 이온 전지에는 알칼리 금속 중 하나인 리튬(Li)이 핵심입니다. 하지만 우리 주변에서 리튬이라는 금속만을 볼 수 없습니다. 리튬은 물에 금방 녹아 버리는 매우 반응성이 높은 물질이기 때문입니다.

리튬뿐만 아니라 소듐(Na), 포타슘(K) 등 알칼리 금속은 물에 잘 녹는 성질이 있습니다. 게다가 물에 녹으면서 다량의 열을 발생시켜 발화하기도 합니다. 그래서 알칼리 금속의 물체는 우리 주변에서 쉽게 찾아볼 수 없습니다. 실험실에서는 등유 속에 보관한 것을 사용

합니다. 이는 공기 중의 수증기와의 반응을 막으려는 것, 반응성이 높아 공기 중의 산소 때문에 금방 녹슬어 버리는 것과 관련이 있습니다.

🖥 BUSINESS 헬륨은 의료에도 활용됨

모든 원소 중 가장 안정적인 비활성 기체는 헬륨, 네온, 아르곤 등이 있습니다. 다음 분야에서 활용합니다.

헬륨(He)은 하늘을 떠다니는 풍선을 떠올리는 사람이 많을 것입니다. 하지만 의료 현장에서의 수요가 더 많습니다. He의 끓는점은 −269℃로 매우 낮은 온도입니다. 의료 기기에서는 냉각이 필요한 때가 많으므로 액체 헬륨은 무언가를 매우 낮은 온도로 냉각하는 데 활용합니다.

네온(Ne)은 네온사인 제작에 사용됩니다. 유리 진공관에 네온을 넣고 전압을 가하면 특유의 색을 발산합니다.

아르곤(Ar)은 공기 중에 1% 정도 포함되어 있는 기체입니다. 보통 용접할 때 반응성이 낮은 아르곤 기체를 불어 넣어 금속이 녹슬지 않도록 하는 데 사용합니다.

 교양 ★★   실용 ★★★   시험 ★★★

08 이온 결정

이온으로 구성된 물질 중 이온이 규칙적으로 배열된 것이 있습니다. 이를 이온 결정이라고 합니다.

전기량의 합이 0이 되도록 이온이 배열됨

염화 소듐은 Na^+와 Cl^-로 이루어진 물질임. 각각 $+1$, -1의 전기량을 지닌 이온이므로, 하나씩 결합하면 전기량의 합이 0이 됨

이온성 물질의 특징

• 우리 주변에 있는 물질은 전기가 없음. 즉, 이온으로 구성되었을 때는 전기량의 합이 0이 되도록 양이온과 음이온이 결합되어 있음

• 물질 속에는 무수히 많은 이온이 포함되었으므로 전기량은 숫자값이라기보다는 수의 비율을 나타내는 것임

• Na^+:Cl^- = 1:1로 이루어져 있는 염화 소듐은 NaCl로 표현되며, 이를 조성식이라고 함

• Mg^{2+}와 Cl^-로 구성된 염화 마그네슘은 전기량의 합이 0이 되므로 Mg^{2+}:Cl^- = 1:2가 됨. 따라서 염화 마그네슘의 조성식은 $MgCl_2$임

이온 결정의 성질

오른쪽 그림처럼 이온이 규칙적으로 배열된 이온 결정은 다음과 같은 성질이 있습니다.

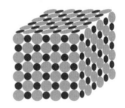

 ● Na^+ ○ Cl^-

• 고체 상태에서는 전기가 통하지 않음

이온 결정에서는 이온이 자유롭게 움직일 수 없으므로 전기가 흐르지 않습니다. 하지만 이온 결정을 물에 녹이면 그 수용액은 전기가 흐릅니다. 물에 녹으면 이온이 자유롭게 움직일 수 있기 때문입니다. 전기가 있는 이온이 움직이는 것이 전류(전기의 흐름)가 되는 것입니다.

또한 이온 결정을 녹는점까지 가열해 녹였을 때(액체로 만들었을 때)도 전기가 흐릅니다. 예를 들어 염화 소듐이 액체가 된 모습을 흔히 볼 수 없는 이유는 염화 소듐의 융점 801℃가 고온이기 때문입니다. 하지만 해당 온도까지 가열하면 액체가 됩니다. 액체가 되면 이온이 자유롭게 움직일 수 있으므로 전류가 흐를 수 있습니다.

• 단단하지만 부서지기 쉬움

이온 결정은 이온끼리 단단하게 결합(이온 결합)되어 있으므로 사람의 힘으로 쉽게 깨뜨릴 수 없습니다.

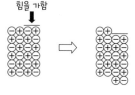

하지만 일정한 방향으로 힘을 가하면 갑자기 깨질 수 있다는 약점이 있습니다. 이는 오른쪽 그림처럼 힘을 가하면 이온 1개만큼만 어긋나면서 이온 사이의 결합이 반발력으로 바뀌므로 일어나는 현상입니다.

📺 BUSINESS 거품 입욕제의 원리

거품이 나는 입욕제에는 탄산 수소 소듐($NaHCO_3$)이 함유되어 있습니다. 이는 소듐 이온(Na^+)과 탄산 수소 이온(HCO_3^-)으로 구성된 이온 결정체입니다.

왜 뜨거운 물에서 거품이 나는 것일까요? 거품이 나는 입욕제에는 탄산 수소 소듐과 함께 푸마르산(Fumaric acid)이라는 산성 물질이 첨가되어 있습니다. 사실 탄산 수소 이온(HCO_3^-)의 바탕은 이산화 탄소입니다. 이산화 탄소도 산성이지만 푸마르산은 더 강한 산성입니다. 이 둘이 반응하면 산성이 약한 이산화 탄소가 빠져나가는 반응이 일어나기 때문에 거품이 생기는 것입니다. 이는 발포의 메커니즘이기도 합니다.

09 분자

원자는 단독으로 존재할 때가 드물고, 보통 여러 개가 모여 있습니다. 그중에는 공유 결합이라는 연결 원리로 만들어진 '분자'가 있습니다.

> **1. Point**
>
> ## 분자를 만드는 목적은 '비활성 기체와 같은 전자 배치 실현'임
>
> - 모든 원소 중에서 가장 안정적인 것은 비활성화 기체 그룹임. 다른 원소도 비활성화 기체와 같은 전자 배치를 실현하려고 함. 그 방법 중 하나가 이온이 되는 것임. 단, 산소 원자 O와 산소 원자 O가 결합할 때와 같은 상황은 이온이 되기 어려움
> - 산소 원자 O는 전자 2개만 더 있으면 같은 비활성 기체(예: Ne)와 같은 전자 배치가 될 수 있음. 이온이 되도록 실현한다면, 산소 원자 둘 다 O^{2-}면 되는 것임
> - 산소 원자 둘 다 O^{2-}가 되는 것은 서로 전자를 추가로 받아야 하는데, 공급원이 없으므로 실현되지 않음. 이때 산소 원자(O)는 '서로 전자를 2개씩 내어 주고 그 전자를 공유'하는 궁리를 함. 그럼 서로의 전자를 2개씩 늘릴 수 있기 때문임. 이 결합 방식을 **공유 결합**이라고 함

분자를 표현하는 방법

산소 원자 2개가 공유 결합해 만들어진 덩어리를 산소 분자라고 합니다. 즉, 원자가 공유 결합해 만들어진 것을 분자라고 합니다. 산소 분자는 'O = O'처럼 표현합니다. 이는 전자를 2개씩 서로 주고받으며 공유한다는 것을 선 2개로 표현한 것입니다. 분자는 모두 산소 분자와 같은 방식으로 표현할 수 있습니다. 이를 구조식이라고 하며, 요령만 익히면 쉽게 사용할 수 있습니다.

암모니아(NH_3) 분자의 예를 살펴보겠습니다. 질소 원자(N)는 전자 3개를 더 갖고 싶어합니다. 그래서 다음 그림처럼 N에서 손 3개가 뻗어 나왔다고 생각하겠습니다.

$$-\overset{|}{N}-$$

수소 원자(H)는 전자를 하나 더 원하고 있습니다. 이 상황은 다음 그림처럼 나타낼 수 있습니다.

H- H- H-

이 원자들이 하나가 될 때는 남는 손이 없도록 잡는 것이 핵심입니다. 남는 손이 없다는 것은 모든 원자가 원하는 만큼 전자를 손에 넣을 수 있음을 뜻하기 때문입니다.

결국 암모니아 분자는 다음 그림처럼 나타낼 수 있습니다.

H
|
H-N-H

💻 BUSINESS 기체는 분자의 대표적인 예

분자의 대표적인 예는 기체입니다. 기체는 공장이나 병원 등 다양한 곳에서 활용되지만, 보관할 때 주의해야 합니다. 물에 잘 녹는지 뿐만 아니라 공기보다 가벼운지 무거운지도 중요합니다. 이를 판단하려면 분자량(6장 02 참고)의 개념을 이해해야 합니다. 여기서는 간략하게 소개하겠습니다.

수소는 H−H라는 분자로 이루어져 있으며 공기보다 가벼운 기체입니다. 공기는 주로 질소 N≡N과 산소 O=O로 이루어져 있습니다. 모양은 같지만 무게가 다른 이유는 H, N, O라는 원자 자체의 무게가 다르기 때문인데, 세 가지 원자 중 가장 가벼운 것은 H입니다. 그래서 수소는 가벼운 기체인 것입니다. 이처럼 분자의 형태를 확인하고 이를 구성하는 원자의 무게를 비교하면 그 기체가 상대적으로 어떤 무게인지 알 수 있습니다.

기체의 상대적인 무게를 비교할 때는 비활성 기체인지에 주의해야 합니다. He, Ne, Ar 등의 비활성 기체는 원래 균형 잡힌 전자 배치가 있습니다. 이들은 다른 원자와 공유 결합할 필요 없이 단독 원자로 존재합니다.

10 분자 결정

분자로 구성된 물질이 고체가 되면 분자들이 가지런히 정렬됩니다. 이 상태를 분자 결정이라고 합니다.

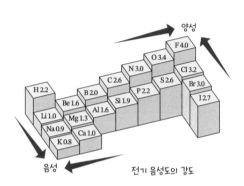

Point 분자를 묶는 것은 '분자 사이의 힘'

전기 음성도

분자를 구성하는 원자 각각은 전자를 끌어당기려는 힘이 있음. 이를 전기 음성도라고 하며, 원자의 종류에 따라 크기에 차이가 있음

전기 음성도에 차이가 있는 원자끼리 분자가 만들어지면 분자 안에서 전기적 편향이 생김. 이를 극성이라고 하며, 극성을 갖는 분자를 극성 분자라고 함. 예를 들어 다음 그림 같은 HCl가 있음

$$Ⓗ^{\delta+} Ⓒⓛ^{\delta-}$$ $\delta+(-)$: + or −에 약간 충전되어 있음을 나타냄

무극성 분자

모든 분자가 극성을 갖는 것이 아님. 예를 들어 H_2처럼 전기 음성도에 차이가 없는 원자끼리 분자가 구성되었다면 극성이 생기지 않음. 이를 무극성 분자라고 함

분자끼리 결합하는 힘

분자로 이루어진 물질이 고체가 될 때, 분자들이 깔끔하게 정렬됩니다. 이를 분자 결정이라고 합니다.

결정이 안정적인 상태가 되려면 분자끼리 결합하는 힘이 필요합니다. 이 힘을 분자간 힘이라고 하며, 다음 그림과 같은 원리로 발생합니다.

분자 결정의 예
분자
판데르발스 힘

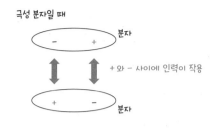

극성 분자일 때

분자

+와 - 사이에 인력이 작용

분자

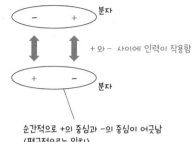

무극성 분자일 때
· 분자 내에서 전자가 움직이므로 순간적으로
  전기적 편향이 발생해 인력이 작용함
· 인력은 극성 분자와 비교했을 때 약함

분자

+와 - 사이에 인력이 작용함

분자

순간적으로 +의 중심과 -의 중심이 어긋남
(평균적으로는 일치)

즉, 극성 분자일수록 분자간 힘이 강해집니다. 예를 들어 물(H_2O)는 극성 분자로 분자간 힘이 강합니다. 따라서 물은 상온에서 액체로 존재합니다. 반면 무극성 분자인 이산화 탄소(CO_2)의 분자간 힘은 그다지 강하지 않습니다. 따라서 상온에서 기체로 존재합니다.

🖥️ BUSINESS 나프탈렌도 분자 결정임

방충제에는 나프탈렌이라는 물질이 사용되기도 합니다. 나프탈렌도 분자 결정이며, 무극성 분자의 집합체입니다. 즉, 결합이 약해 분자가 쉽게 떨어져 나가기 쉽다는 뜻입니다. 나프탈렌은 고체에서 액체로 변하는 것이 아니라 바로 기체로 변합니다. 이를 승화라고 하며, 드라이아이스나 아이오딘도 이런 현상을 보입니다.

옷장에 넣어둔 방충제는 어느새 사라져 버립니다. 이는 성분이 조금씩 승화되기 때문입니다. 만약 액체가 되면 옷이 끈적끈적해져서 곤란하겠지만, 승화되기 때문에 괜찮습니다.

 교양 ★★　 실용 ★★★★★　 시험 ★★★

11 공유 결합 결정

원자들이 공유 결합을 반복하면서 거대한 결정을 만들 때가 있습니다. 이를 공유 결합 결정이라고 합니다.

분자라는 단위를 만들지 않는 특수한 상황이 '공유 결합 결정'임

공유 결합하는 원자들은 보통 분자라는 단위를 만들어 결정을 구성함(10 참고). 반대로 일부 물질에서는 공유 결합을 반복해 분자라는 단위를 만들지 않고 거대한 결정을 만들 때가 있음. 이것이 공유 결합 결정임

공유 결합의 결합력은 분자간 힘과는 비교할 수 없을 정도로 강력하므로 공유 결합 결정은 매우 단단하고, 융점이 매우 높으며, 물에 잘 녹지 않는 등의 특징이 생김

공유 결합 결정의 제한된 예

공유 결합 결정으로 만들어진 물질에는 다음과 같은 것들이 있습니다.

• 다이아몬드

C 원자 1개가 C 원자 4개와 입체적으로 결합되어 있어 매우 단단하고, 자유롭게 움직일 수 있는 전자가 없어 전기가 통하지 않습니다.

다이아몬드의 결정

공유 결합

• 흑연

C 원자 1개가 C 원자 3개와 평면적으로 결합해 층을 만듭니다. 층과 층은 분자간 힘으로 결합하지만, 분자간 힘이 약하므로 층과 층은 쉽게 벗겨집니다.

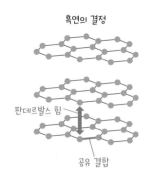

흑연의 결정

판데르발스 힘

공유 결합

• 규소(실리콘)

Si 원자는 C 원자와 마찬가지로 Si 원자 4개와 입체적으로 결합되어 있습니다.

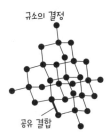

규소의 결정

공유 결합

• 이산화 규소(SiO$_2$)

규소 결정의 각 Si 원자 사이에 O 원자가 들어간 구조입니다.

● 는 Si 원자. 다이아몬드와 같은 구조로 배치되어 있음
● 는 O 원자. Si 원자 사이를 가로질러 정렬되어 있음

🖥 BUSINESS 반도체 제조의 핵심인 규소 결정

규소(Si) 결정은 반도체에 없어서는 안 될 필수 요소입니다. 깨끗한 Si 결정을 제조하는 것이 반도체 제조의 핵심으로, 원료는 이산화 규소(SiO$_2$)입니다. 사실 이산화 규소는 암석의 주성분입니다. 즉, 지구상에 풍부하게 존재한다는 뜻입니다. 참고로 이산화 규소의 깨끗한 결정은 수정으로 존재하기도 합니다.

12 금속 결정

원자가 전자를 방출해 양이온이 되고, 방출한 전자를 연결고리로 삼아 결합할 때도 있습니다. 이때 만들어지는 것이 금속 결정입니다.

금속 원소는 금속 결합을 함

모든 원소는 금속 원소와 비금속 원소로 분류됨

	1	2	3	4	5	6	7	8	9	10	11	12	13	14	15	16	17	18
1	1 H 수소																	2 He 헬륨
2	3 Li 리튬	4 Be 베릴륨			금속 원소 비금속 원소								5 B 붕소	6 C 탄소	7 N 질소	8 O 산소	9 F 플루오린	10 Ne 네온
3	11 Na 소듐	12 Mg 마그네슘											13 Al 알루미늄	14 Si 규소	15 P 인	16 S 황	17 Cl 염소	18 Ar 아르곤
4	19 K 포타슘	20 Ca 칼슘	21 Sc 스칸듐	22 Ti 타이타늄	23 V 바나듐	24 Cr 크로뮴	25 Mn 망가니즈	26 Fe 철	27 Co 코발트	28 Ni 니켈	29 Cu 구리	30 Zn 아연	31 Ga 갈륨	32 Ge 저마늄	33 As 비소	34 Se 셀레늄	35 Br 브로민	36 Kr 크립톤
5	37 Rb 루비듐	38 Sr 스트론튬	39 Y 이트륨	40 Zr 지르코늄	41 Nb 나이오븀	42 Mo 몰리브데넘	43 Tc 테크네튬	44 Ru 루테늄	45 Rh 로듐	46 Pd 팔라듐	47 Ag 은	48 Cd 카드뮴	49 In 인듐	50 Sn 주석	51 Sb 안티모니	52 Te 텔루륨	53 I 아이오딘	54 Xe 제논
6	55 Cs 세슘	56 Ba 바륨	L 란타넘족	72 Hf 하프늄	73 Ta 탄탈럼	74 W 텅스텐	75 Re 레늄	76 Os 오스뮴	77 Ir 이리듐	78 Pt 백금	79 Au 금	80 Hg 수은	81 Tl 탈륨	82 Pb 납	83 Bi 비스무트	84 Po 폴로늄	85 At 아스타틴	86 Rn 라돈
7	87 Fr 프랑슘	88 Ra 라듐	A 악티늄족	104 Rf 러더포듐	105 Db 두브늄	106 Sg 시보귬	107 Bh 보륨	108 Hs 하슘	109 Mt 마이트너륨	110 Ds 다름슈타튬	111 Rg 뢴트게늄	112 Cn 코페르니슘	113 Nh 니호늄	114 Fl 플레로븀	115 Mc 모스코븀	116 Lv 리버모륨	117 Ts 테네신	118 Og 오가네손

단독으로 금속 형태로 존재하는 것이 **금속 원소**임. 금속 원소에는 전자를 방출해 양이온이 되기 쉬운 성질(양성)이 있음. 이런 원자들이 모일 때 각각이 양이온이 되면 반발(repulsion)만 할 것 같지만, 방출된 음전자가 그 사이를 돌아다니므로 이것이 연결고리가 되어 양이온을 안정적으로 정렬시킴

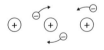

음전자가 양이온을 안정화시키고 정렬시키는 역할을 해요!

이렇게 만들어진 것이 **금속 결정**임

172

금속의 성질을 만드는 자유 전자

금속 결정 안에서 자유롭게 돌아다니는 전자를 자유 전자라고 합니다. 금속에는 여러 종류가 있지만, 다음과 같은 공통된 성질이 있습니다. 그리고 그 성질은 모두 자유 전자의 존재가 만들어낸 것입니다.

- 광택이 있음: 표면의 자유 전자가 빛을 반사하는 성질이 있기 때문입니다.
- 전기와 열을 잘 전달함: 자유 전자가 움직이면 전기가 흐릅니다.

또한 자유 전자는 열을 전달합니다.

- 전성(두드리면 펴짐)이 있음: 흩어지려는 양이온끼리 자유 전자가 결합합니다.
- 연성(당기면 늘어남)이 있음: 전성(展性)과 같은 이유입니다.

BUSINESS 전선에 구리가 사용되는 이유

모든 금속 중에서 전기와 열을 가장 잘 전달하는 금속은 은입니다. 그 다음이 구리, 세 번째가 금입니다. 전 세계에 깔려 있는 전선에 주로 구리가 사용되는 이유도 전기가 잘 통하는 성질을 이용한 것입니다. 물론 전기를 가장 잘 전달하는 것은 은이지만, 희소한 은과 비교했을 때 자원이 풍부하기 때문에 구리를 사용합니다.

또한 전성과 연성이 가장 큰 것은 금입니다. 단 1g의 금도 늘리면 3km, 펼치면 직경 80cm의 원이 됩니다. 금박의 두께는 0.0001mm 정도인데, 알루미늄 호일의 두께가 0.015mm인 것과 비교하면 훨씬 작은 수치입니다. 즉, 호일을 만들 때는 금속마다 전성, 연성을 고려해 어디까지 넓힐지 고민해야 합니다.

13 물질량 ①

우리 주변의 물질을 구성하는 원자와 분자의 수는 너무도 방대합니다. 도저히 '1개, 2개, ……'라고 셀 수 없습니다. 어떻게 하면 좋을까요?

원자의 질량을 원자량(상대 원자 질량)으로 표현함

원자량

물질에 포함된 원자가 엄청나게 많다는 것은 원자 하나의 질량이 매우 작다는 것을 의미함. 예를 들어 g(그램)이라는 단위를 사용하면 0.000……g인데 이는 너무 불편함. 그래서 질량수 12인 탄소(C) 원자의 질량을 12로 정하고 이를 기준으로 삼아 다른 원자의 질량을 나타냄. 이것이 원자량임

원자량 결정

동일한 원소에 동소체가 있다는 것을 고려해 원자량을 결정함. 예를 들어 원자 C라면 다음 표와 같음

	원자량	존재 비율
^{12}C	12	98.93%
^{13}C	13.003	1.07%

따라서 C의 원자량 = 12 × 98.93/100 + 13 × 1.07/100 ≒ 12.01이라고 구할 수 있음

물질에 포함된 원자의 수를 구하는 방법

물질 중에는 분자나 이온으로 구성된 것도 있습니다. 이때는 분자의 무게(분자량)나 이온의 무게(화학식 질량)를 사용해 물질에 포함된 원자의 수를 구해야 합니다. 이 역시 원자량을 기준으로 합니다.

- 예: 이산화 탄소 CO_2

  이산화 탄소의 분자량 = C의 원자량 12 + O의 원자량 16 × 2 = 44

- 예: 염화 소듐(NaCl)

  염화 소듐의 화학식량 = Na의 원자량 23 + Cl의 원자량 35.5 = 58.5

앞 예처럼 원자, 분자, 이온 등 눈에 보이지 않는 작은 입자의 질량을 결정할 수 있었습니다. 그렇다면 이들은 물질에 얼마나 많이 포함되어 있을까요? 여기서도 탄소(C)가 기준입니다. C 원자 1개의 질량은 12로 표현됩니다. 물론 질량이 12g이라는 뜻은 아닙니다. 원자량에는 단위가 없기 때문입니다.

그렇다면 12에 g가 붙은 '12g'이라는 양이 되려면 C 원자가 몇 개 모여야 할까요? 그 값은 대략 $6.02 × 10^{23}$개라는 어마어마한 값입니다. 이 정도의 원자가 모이지 않으면 12g에 도달할 수 없습니다. 그래서 이 '$6.02 × 10^{23}$'이라는 값을 아보가드로 상수로 정합니다. 예를 들어 이산화 탄소는 분자량이 44이므로 $6.02 × 10^{23}$개 모이면 44g이 되는 것입니다.

이처럼 원자, 분자, 이온 등의 입자가 아보가드로 상수만큼 모이면 원자량, 분자량, 화학식에 'g'를 붙인 질량이 된다는 식으로 환산할 수 있습니다. 이 생각이 매우 편리하므로 입자의 개수는 아보가드로 상수를 기준으로 계산합니다. 그래서 원자, 분자, 이온이 $6.02 × 10^{23}$개 모인 것을 '1mol(몰)'로 계산하기로 정합니다. 이 계산법을 물질량이라고 합니다. 물질량 덕분에 어떤 물건 안에 얼마나 많은 입자가 있는지 쉽게 계산할 수 있습니다.

14 물질량 ②

여러분 주변에 존재하는 공기는 기체 분자의 집합체입니다. 눈에 보이지는 않지만, 얼마나 많은 개수가 있을까요?

기체 분자의 수는 기체의 종류와 무관함

어떤 부피에 포함된 기체 분자의 수는 온도나 압력 등의 조건에 따라 달라짐. 반대로 말하면 온도와 압력이 일정하면 일정 부피에 포함된 기체 분자의 수는 일정함. 이는 기체의 종류에 상관없이 표준 상태(0℃, 1기압)에서는 22.4L의 부피에 1mol(6.02×10^{23}개)의 기체 분자가 포함되었다는 뜻임. 이를 아보가드로의 법칙이라고 함

엄청난 수의 기체 분자가 기압을 만듦

여러분이 일상적으로 생활하는 공간에서도 아보가드로의 법칙은 성립합니다. 물론 온도와 압력은 변하지만, 표준 상태에서 크게 변하지 않으므로 22.4L 중 1mol이라는 값에서 크게 벗어나지 않습니다. 22.4L는 2L 페트병으로 환산하면 약 11병입니다. 그 안에 1억이나 1조라는 숫자와는 비교할 수 없을 정도로 많은 기체 분자가 들어 있는 것입니다.

게다가 기체 분자들은 초속 수백 미터의 속도로 공간을 날아다니며 끊임없이 충돌하는 모습입니다. 기압을 받으면 살아가므로 여러분의 몸에도 충돌합니다. 기압은 기체 분자들이 충돌하는 힘에서 생겨나는데, 기체 분자 하나는 눈에 보이지 않을 정도로 작아서 부딪혔다고 해서 큰 힘을 받지는 않습니다. 하지만 그 수가 너무 많으므로 총합의 힘은 엄청나게 큰 힘이 되는 것입니다.

공기 중의 먼지나 이물질을 극도로 제거해 깨끗하게 유지하는 것이 바로 클린룸입니다. 반도체 및 전자 회로 제조, 의약품 및 화장품 제조 등 클린룸의 용도는 매우 다양합니다. 그럼 클린룸의 깨끗한 정도는 어떻게 구분할까요? ISO(국제표준화기구)에서는 '클래스 1', '클래스 2' 등 레벨별로 구분하며, 용도에 따라 다양하게 구분합니다.

가장 청결도가 높은 것이 '클래스 1'입니다. 이는 무려 $1m^3$의 공간 안에 $0.1\mu m(0.0001mm)$ 이상의 입자가 10개 이하인 환경을 말합니다. 클래스 2는 $1m^3$ 안에 $0.1\mu m$ 이상의 입자가 100개 이하인 환경입니다. 클래스 3은 1,000개 이하며, 이런 방식으로 클래스를 계속 나눕니다.

$1m^3$ 안에 입자 10개, 100개라면 작은 수라고 생각할 것입니다. '일반 공기 중에도 먼지나 분진(aerosol)이 그 정도 많지 않나?'라고 하겠지만 22.4L($0.0224m^3$) 안에 6.02×10^{23}개의 기체 분자가 들어 있는 것입니다. 이와 비교하면 $1m^3$ 안에 10개, 100개라는 것이 얼마나 대단한 수준인지 실감할 수 있을 것입니다.

1m³

클린룸은 보통의 공기에 있을 때와 큰 차이가 날까?

이 안에는 $6.02 \times 10^{23} \times \dfrac{1}{0.0224} = $ 약 2.7×10^{25}개의 기체 분자가 있음

그 안에 먼지가 10개, 100개만 들어가게 하는 기술은 정말 대단함!

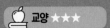

15 화학 반응식과 양적 관계

화학 반응식은 물질이 화학적으로 변하는 모습만 나타내는 것이 아닙니다. 어떤 양적인 관계로 화학적 변화가 일어나는지도 알려줍니다.

> ## Point
> ### 화학 반응식 계수의 비율이 반응하는 물질량의 비율을 나타냄
>
> 화학 반응식은 다음처럼 화학적 변화의 모습에 따라 반응에 관여하는 입자 개수의 정보도 제공함
>
> 예:
> $$CH_4 \ + \ 2O_2 \ \rightarrow \ CO_2 \ + \ 2H_2O$$
> (분자) 1개 와 2개 가 반응해 1개 와 2개 가 생성됨
>
> 그러나 실제로는 무수히 많은 분자가 한꺼번에 반응함. 그래서 6.02×10^{23}개를 1단위(1mol)로 분자를 계산함. 그러면 다음처럼 반응하는 물질량의 관계를 구함
>
> $$CH_4 \ + \ 2O_2 \ \rightarrow \ CO_2 \ + \ 2H_2O$$
> (분자) 1개 와 2개 가 반응해 1개 와 2개 가 됨
>
> ↓ 6.02×10^{23}개가 모임
>
> (물질량) 1mol 과 2mol 이 반응해 1mol 과 2mol 이 생김
>
> 앞 내용을 정리하면 '화학 반응식 계수의 비율 = 반응하는 물질량(mol)의 비율'로 나타낼 수 있음

화학 반응식의 활용법

Point에서 설명한 관계는 실제로는 다음처럼 사용합니다. 예를 들어 가스레인지 등에서 사용하는 프로페인(C_3H_8)을 연소하는 것을 생각해 보겠습니다. 프로페인은 다음처럼 연소해 이산화 탄소와 물(수증기)로 변합니다.

$$C_3H_8 \ + \ 5O_2 \ \rightarrow \ 3CO_2 \ + \ 4H_2O$$

이때 연소한 프로페인의 양에 따라 얼마나 많은 이산화 탄소와 물이 발생할까요? 특히 이 산화 탄소는 온실가스로 주목받으므로 그 배출량을 추정해야 할 때가 많습니다. 예를 들어 프로페인 44g이 연소될 때 다음처럼 계산할 수 있습니다.

$$C_3H_8 \;+\; 5O_2 \;\longrightarrow\; 3CO_2 \;+\; 4H_2O$$

44g		$44 \times 3 = \underline{132g}$	$18 \times 4 = \underline{72g}$	
↓		↑	↑	
1mol 은	5mol 과 반응해	3mol 과	4mol 이 될 수 있음	

BUSINESS 휘발유를 연소할 때 배출되는 이산화 탄소의 양

휘발유의 화학식은 C_nH_{2n}으로 나타낼 수 있습니다. n에는 여러 가지 숫자가 들어갑니다. $n = 10$이면 $C_{10}H_{20}$, $n = 20$이면 $C_{20}H_{40}$이 되는 것이죠. 즉, 휘발유는 n에 여러 가지 숫자가 들어간 것들의 혼합물입니다. 휘발유가 연소할 때의 화학 반응식은 다음처럼 표현합니다.

$$2C_nH_{2n} \;+\; 3nO_2 \;\longrightarrow\; 2nCO_2 \;+\; 2nH_2O$$

여기서 휘발유 1mol이 연소할 때 n(mol)의 이산화 탄소가 발생함을 알 수 있습니다.

그런데 휘발유 1L는 약 0.75kg = 750g입니다. 여기서 휘발유의 분자량은 $12n + 2n = 14n$이므로 휘발유 750g은 750/14n(mol)이 됩니다. 그리고 그것을 태웠을 때 발생하는 이산화 탄소는 (750/14n) $\times n$(mol), 즉 mol로 구할 수 있습니다. 이를 질량으로 환산(이 산화 탄소의 분자량이 44)하면 다음과 같습니다.

$$44 \times 750/14 = 약 \; 2357g = \underline{약 \; 2.4kg}$$

이를 부피로 환산(표준 상태에서 계산)하면 $22.4 \times (750/14) = \underline{1200L}$가 됩니다. 이렇게 휘발유를 태울 때 배출되는 이산화 탄소의 양을 구할 수 있습니다.

Chapter 5 화학편 – 이론 화학

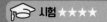

16 산과 염기

액체의 성질을 나타내는 지표 중 하나로 산성의 정도(염기성의 정도)가 있습니다. pH 라는 값으로 간결하게 나타낼 수 있습니다.

Point
산성(염기성)의 정도는 H^+의 농도로 평가함

수용액의 산성 정도는 수소 이온(H^+)의 농도에 따라 결정됨. 어떤 수용액에도 H^+와 OH^-가 모두 포함되어 있으며, 그중 어느 쪽이 더 많은지(진한지)에 따라 액성이 결정됨

- 산성: $[H^+] > [OH^-]$
- 중성: $[H^+] = [OH^-]$
- 염기성: $[H^+] < [OH^-]$

여기서 $[H^+]$는 H^+의 몰 농도(23 참고), $[OH^-]$는 OH^-의 몰 농도를 나타냄

---

pH를 정의하는 방법

용액이 중성일 때 $[H^+] = [OH^-]$가 됩니다. 그 구체적인 값은 용액의 온도에 따라 달라지며, 25℃일 때는 $[H^+] = [OH^-] = 10^{-7}$mol/L입니다. 또한 액성이 변하면 $[H^+]$나 $[OH^-]$의 값도 변하며, $[H^+] \times [OH^-] = 10^{-14}(\text{mol/L})^2$라는 관계를 계속 만족합니다. 즉, 용액의 $[H^+]$만 조사하면 $[OH^-]$는 고려할 필요가 없습니다.

그래서 $[H^+]$를 기준으로 용액의 산성(염기성) 정도를 나타내는 방법이 등장합니다. pH는 $[H^+]$를 기준으로 다음처럼 정의됩니다.

> $[H^+] = 10^{-\square}$mol/L일 때, pH = □
> (※ □에는 숫자가 들어감)

여기서 주의할 점은 산성이 강할수록 pH는 작아진다는 것입니다. 이는 다음과 같은 예에서 확인할 수 있습니다.

액체 A: $[H^+] = 10^{-2}$mol/L
액체 B: $[H^+] = 10^{-3}$mol/L

$\downarrow$

$[H^+]$가 더 큰 것은 A이므로 A가 더 산성이 강함
이때 pH가 큰 것은 B임

용액이 중성이라면 $[H^+] = 10^{-7}$mol/L이므로 pH는 7입니다. 이를 경계로 산성이면 pH < 7, 염기성이면 pH > 7입니다.

BUSINESS pH는 품질 관리에도 활용됨

액체의 pH를 검사하는 것은 품질 관리에서 빼놓을 수 없는 부분입니다. 예를 들어 술이나 간장의 품질이 제대로 유지되는지 확인하는 지표의 하나가 바로 pH입니다. pH는 1930년대 후반 미국에서 개발되어 수입된 pH 측정기를 이용해 쉽게 확인할 수 있습니다. 하지만 습기 등의 영향으로 고장날 때가 많았다고 합니다.

1951년에 자체적인 pH 측정기가 개발되었지만, 그보다 앞선 1931년에 자세한 값까지는 알 수 없지만 대략적인 pH를 알 수 있는 pH 시험지가 개발되었습니다. 현재도 학교 실험 등에서 많이 사용됩니다. 처음에는 수소 이온 농도 시험지라고 불렀습니다. 덕분에 pH가 수소 이온 농도를 나타내는 것임을 알 수 있습니다.

17 중화 반응

산과 염기를 섞으면 서로의 성질이 상쇄되는 반응이 일어납니다. 이를 중화 반응이라고 하며 다양한 분야에서 활용합니다.

> **중화 반응은 물이 생성되는 반응임**
>
> 산은 수소 이온 H^+를 방출하는 것, 염기는 OH^-를 방출하는 것으로 정의됨. H^+, OH^-는 각각 산과 염기의 성질을 나타냄. 양자를 섞으면 H^+와 OH^-가 반응함. 이 반응은 '$H^+ + OH^- \rightarrow H2O$'로 표시됨
>
> 앞 반응으로 H^+, OH^- 모두 감소하므로 서로의 성질이 상쇄됨. 이를 중화 반응이라고 함

중화 적정으로 산 또는 염기의 정확한 농도를 알 수 있음

산성 또는 염기성 용액의 농도는 중화 적정이라는 실험으로 정확하게 알 수 있습니다. 중화 적정은 다음과 같은 절차로 진행됩니다. 예를 들어 농도를 알 수 없는 아세트산 수용액을 수산화 소듐 수용액으로 중화시켜 농도를 구하는 상황을 살펴보겠습니다.

① 아세트산을 희석할 때는 다음 그림과 같음

② 일정량의 아세트산 수용액을 원뿔 비커에 넣고 페놀프탈레인을 몇 방울 떨어뜨림

③ 농도를 알 수 있는 수산화 소듐 수용액을 뷰렛에 넣고, 페놀프탈레인이 변색될 때까지 아세트산 수용액에 첨가함

뷰렛

앞 상황에서 예를 들어 다음과 같은 결과가 있다고 생각해 보겠습니다.

• 사용한 아세트산 수용액의 부피: 10mL (희석 후)
• 사용한 수산화 소듐 수용액의 농도: 0.10 mol/L
• 사용한 수산화 소듐 수용액의 부피: 8.0 mL

앞 결과에서 다음처럼 아세트산(희석 후)의 농도를 구할 수 있습니다.

$$\underset{\text{H}^+\text{의 물질량}}{x(mol\,/\,L)\times\frac{10}{1000}L\times1} = \underset{\text{OH}^-\text{의 물질량}}{0.10\,mol\,/\,L\times\frac{8.0}{1000}L\times1}$$

양쪽에 곱한 1은 아세트산과 수산화 소듐의 원자가(valence)이므로 $x = 0.080$ mol/L입니다.

BUSINESS 화장실 탈취제로의 활용

중화 반응을 활용하는 예로 구연산을 이용한 화장실 탈취제가 있습니다. 암모니아는 화장실 냄새의 원인이며 염기성입니다. 따라서 산성인 구연산을 이용해 중화시켜 냄새를 억제할 수 있습니다. 한편 발 냄새의 원인은 산성 물질입니다. 따라서 염기성인 베이킹 소다의 수용액으로 냄새를 억제합니다.

자연환경 보호에도 중화 반응이 활용됩니다. 예를 들어 온천의 물은 산성이 강하므로 그대로 강으로 흘려보내면 환경에 악영향을 끼칠 수 있습니다. 그래서 염기성인 석회석을 강에 투입해 중화 반응을 일으켜 산성화를 억제합니다.

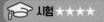

18 상태 변화와 열

물질에는 고체, 액체, 기체라는 세 가지 상태가 존재합니다. 상태를 변화시킬 때는 열을 내거나 흡수합니다.

Point 1 에너지를 잃을 때 열을 방출함

물질은 다음처럼 세 가지 상태 사이에서 변화함

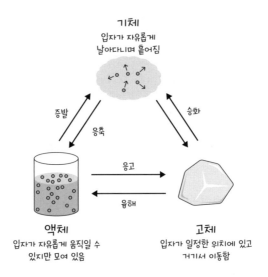

이때 물질이 저장하는 에너지의 대소 관계는 '기체 > 액체 > 고체'임

물질은 에너지가 더 큰 상태로 변할 때 주변에서 열을 흡수하고, 에너지가 더 작은 상태로 변할 때 주변으로 열을 방출함. 따라서 다음 관계가 있음

• 융해, 증발: 열을 흡수함
• 응축, 응고: 열을 방출함

화학의 세계에서 사용하는 절대온도

어떤 물질의 온도는 그 물질을 구성하는 입자(원자, 분자 등)의 열 운동 강도를 나타내는 지표입니다. 입자의 무질서한 움직임을 열 운동이라고 하며, 온도가 높으면 열 운동이 격렬해진 상태입니다. 열 운동은 이론적으로 얼마든지 격렬하게(빠르게) 일어날 수 있습니다. 이는 사물의 온도에 상한이 없다는 뜻입니다. 열 운동이 완만한(느린) 것은 온도가 낮아진다는 뜻입니다. 열 운동이 멈추면 그것으로 끝입니다. 즉, 온도에는 하한이 있다는 뜻입니다.

온도의 하한은 여러분이 일상적으로 사용하는 섭씨 온도 기준 약 −273℃입니다. 예를 들어 −274℃는 세상에 절대 존재하지 않는다는 뜻입니다. 그렇다면 하한을 기준으로 온도를 나타내는 것이 화학(과학)의 세계에서는 더 편합니다. 그래서 약 −273℃를 절대 영도라고 정해 '0K(켈빈)'으로 나타냅니다. 그리고 섭씨 온도와 같은 눈금으로 표시하면 다음 그림처럼 온도를 정의할 수 있습니다.

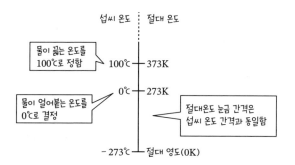

🖥 BUSINESS cal와 J의 차이점

기존에는 열량의 단위로 cal(칼로리)가 사용되었습니다. 이 단위는 현재도 식품에 포함된 열량 등을 나타낼 때 사용되며, 1cal는 물 1g의 온도를 1℃ 상승시킬 수 있는 열량을 말합니다. 이후 열이 에너지의 한 종류라는 사실이 밝혀지면서 열량에도 에너지 단위인 J(줄)을 사용하게 되었습니다.

19 기액 평형과 증기압

'증기압'은 자주 듣는 용어지만, 그 의미를 정확히 이해하지 못하는 때가 의외로 많습니다.

Point 1 '증기압'이란 평형 상태에 도달했을 때의 압력임

밀폐된 용기 안에 액체를 넣고 방치하면 다음 그림처럼 변함

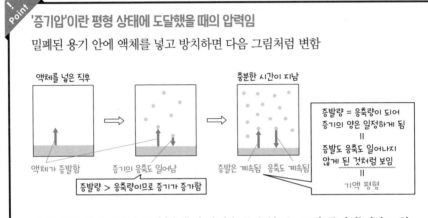

기액 평형 상태에서의 증기(기체)의 압력을 증기압(또는 포화 증기압)이라고 함. 즉, 액체는 증기압이 될 때까지(=기액 평형이 될 때까지) 증발을 계속하고, 증기압이 되면 겉으로 보기에 증발이 멈춤

액체가 없어지면 증기압에 도달하지 못할 수도 있음

Point에서 설명한 것처럼 용기 내부는 결국 평형 상태에 도달합니다. 그러나 증기(기체)의 압력이 증기압에 도달하기 전에 액체가 모두 없어지면 증기압에 도달하지 못합니다.

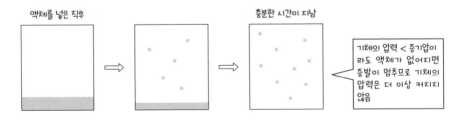

또한 증기압의 값은 온도에 의해서만 결정(고온일수록 커짐)된다는 점도 중요합니다. 밀폐 용기의 부피를 바꾸거나 다른 기체가 공존하더라도 증기압의 값은 변하지 않습니다.

BUSINESS 압력솥의 작동 원리

여기서 증발과 비등의 차이점을 확인해 보겠습니다.

• 증발

액체 표면에서 액체가 기체가 되는 현상을 말하며, 끓는점에 도달하지 않아도 일어납니다.

• 비등

액체의 표면뿐만 아니라 내부에서도 증발이 일어나 기포가 발생하고, 그 기포가 부서지지 않고 상승하는 현상을 말합니다. 비등은 끓는점에 도달하지 않으면 일어나지 않는 현상으로, '온도 T에서의 증기압 = 대기압'이 되는 온도 T가 끓는점이 됩니다.

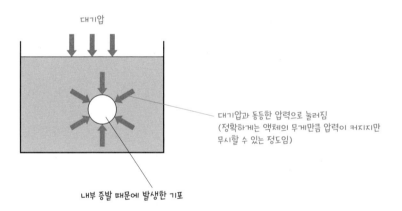

앞 그림처럼 외기압이 높으면 더 높은 온도로 올라가야 끓기 시작한다는 것을 알 수 있습니다. 예를 들어 요리에 사용하는 압력솥에서는 밀폐된 공간을 만들어 내부 압력을 높입니다. 따라서 평소보다 높은 온도가 되어 끓기 시작하므로 고온, 단시간에 조리가 가능합니다. 화학이 요리와도 관련이 있네요.

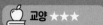 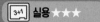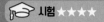
20 기체의 상태 방정식

기체의 상태는 '부피', '압력', '온도' 등의 값으로 나타낼 수 있습니다. 이 값들 사이에 성립하는 관계는 방정식 하나로 표현됩니다.

Point

상태 방정식의 기본은 '보일의 법칙'과 '샤를의 법칙'임

기체 분자는 눈에 보이지는 않지만 엄청난 속도(공기 중에서는 약 500m/s)로 날아다님. 이를 기체 분자의 열 운동이라고 함. 다음 그림은 기체 분자가 물체에 충돌해 물체에 압력을 가하는 상황임

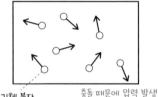

기체 분자   충돌 때문에 압력 발생

기체에 관한 다음 두 가지 법칙은 기체 분자의 열 운동을 생각하면 이해하기 쉬움

보일의 법칙

일정량의 기체에 관한 온도가 일정하다면 'PV = 일정함' (P: 기체의 압력, V: 기체의 부피)

샤를의 법칙

일정량의 기체에 관한 압력이 일정하면 'V/T = 일정함' (T: 기체의 절대온도)

값 하나를 일정하게 하고 두 값의 변화를 생각함

보일의 법칙과 샤를의 법칙은 다음 예로 이해할 수 있습니다.

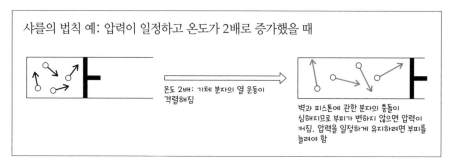

보일의 법칙 예: 일정한 온도에서 부피가 2배로 늘어났을 때

온도 일정: 기체 분자의 열 운동
강도는 변하지 않는 부피 2배

벽이나 피스톤에 분자가 충돌하는 횟수
숫자가 1/2로 줄어듦 = 압력이 1/2로 줄어듦

샤를의 법칙 예: 압력이 일정하고 온도가 2배로 증가했을 때

온도 2배: 기체 분자의 열 운동이
격렬해짐

벽과 피스톤에 관한 분자의 충돌이
심해지므로 부피가 변하지 않으면 압력이
커짐. 압력을 일정하게 유지하려면 부피를
늘려야 함

앞 예처럼 기본적으로 상태량 하나가 일정한 때를 생각하면 두 법칙을 쉽게 이해할 수 있습니다.

하지만 실제로는 온도, 부피, 압력의 상태량이 모두 변화하는 패턴이 많습니다. 이럴 때는 보일의 법칙과 샤를의 법칙을 하나로 정리한 다음 상태 방정식으로 상태량을 생각하는 것이 편리합니다.

상태 방정식: $PV = nRT$ (n: 기체의 mol 수, R: 기체 상수)

BUSINESS 엘리베이터를 타고 높은 곳으로 급상승하면 귀가 아픈 이유

엘리베이터를 타고 높은 곳으로 급상승하면 귀가 아플 때가 있습니다. 이는 주변 기압이 낮아지면서 귀 안의 공기가 부풀어 오르기 때문에 발생합니다. 이것이 바로 보일의 법칙입니다.

이는 비행기를 탈 때도 느낄 수 있습니다. 이를 막으려고 비행기에서는 내부에 압력을 가합니다. 비행기는 약 10km 상공에서 비행합니다. 이렇게 높기 때문에 주변 기압은 지상과 비교했을 때 훨씬 작아집니다.

21 돌턴의 분압 법칙

대기 중에는 여러 가지 종류의 기체들이 섞여 있습니다. 이때 상태 방정식을 어떻게 사용하면 좋을까요?

기체량의 비율은 압력의 비율로 구할 수 있음

두 종류 이상의 기체가 균일하게 혼합된 것을 혼합 기체라고 함. '균일하게'의 뜻은 '부피와 온도가 같은 상태'임

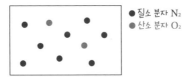

둘 다 용기 전체에 분포되어 있으므로 부피가 같고, 혼합되어 있으므로 온도도 같게 됨

혼합 기체에서 각 기체의 분압(혼합 기체의 성분 각각이 지니는 압력) P는 각 기체의 mol 수 n에 비례함

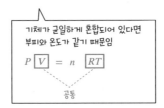

또한 '전압(혼합 기체 전체의 압력) = 분압의 합'이 됨(혼합 기체 각 성분의 압력을 더하면 당연히 전체 압력이 됨)

공기의 평균 분자량 구하기

분압의 개념을 이해하면 다음 계산으로 혼합 기체의 각 분압을 구할 수 있습니다.

예: n_A(mol)의 기체 A와 n_B(mol)의 기체 B를 혼합해 전체 압력이 P가 되었다면 각
분압을 다음처럼 구함

$$기체 A의 분압 P_A = \frac{n_A}{n_A + n_B}P$$

$$기체 B의 분압 P_B = \frac{n_B}{n_A + n_B}P$$

앞 개념을 사용하면 공기의 평균 분자량을 구할 수 있습니다.

혼합 기체에서는 두 가지 이상의 기체가 혼합되어 있고, 기체의 분자량은 성분마다 다릅
니다. 하지만 혼합 기체를 마치 한 종류의 기체인 것처럼 생각해 분자량을 구하는 것이 평
균 분자량이라는 개념입니다.

예: 분자량 M_A의 기체 A와 분자량 M_B의 기체 B가 n_A:n_B의 mol 수 비율로 섞여 있는
혼합 기체는 다음과 같음

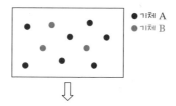

기체 A가 n_A(mol), 기체 B가 n_B(mol)면 전체 질량 = $(M_A \times n_A + M_B \times n_B)$g임. 전체
mol 수는 $n_A + n_B$(mol)이므로 전체를 한 종류의 기체로 간주해 분자량은 다음과 같
음. 이것이 혼합 기체의 평균 분자량임

$$분자량 = 1 \text{ mol의 질량} = \frac{M_A n_A + M_B n_B}{n_A + n_B}(\text{g}/\text{mol})$$

공기를 질소:산소 = 4:1의 혼합 기체라고 하면, 질소가 4mol, 산소가 1mol이면 '전체 질
량 = $(28 \times 4 + 32 \times 1)$g'이며, 전체는 5mol입니다. 이 혼합 기체를 한 종류의 기체로 간
주하면 분자량은 다음처럼 구할 수 있습니다. 이것이 공기의 평균 분자량입니다.

$$분자량 = 1\text{mol의 질량} = \frac{28 \times 4 + 32 \times 1}{5} = \underline{28.8}$$

 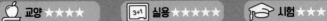

22 용해 평형과 용해도

액체에는 기체나 고체들이 용해됩니다. 용해할 수 있는 최대량은 법칙에 따라 정해져 있습니다.

Point 기체가 용해되는 양은 분압에 비례함

일정량의 용매에 녹일 수 있는 양을 용해도라고 함. 기체의 용해도는 그 기체의 압력과 온도에 따라 다음처럼 변화함. 또한 혼합 기체가 존재하면 어떤 기체의 압력을 '분압'으로 표현함

> 기체의 용해도는 그 기체의 분압에 비례함(헨리의 법칙) ⋯ ①
> 기체의 용해도는 온도가 높아질수록 작아짐 ⋯ ②

①은 용해도가 작은 기체에만 성립하는 법칙이며, 암모니아나 염화 수소 등 용해도가 큰 기체에는 성립하지 않음. 또한 ①은 "용해되는 기체의 (그 분압 아래에서의) 부피는 분압에 관계없이 일정함"이라고 표현할 수도 있음. 이는 ①과 모순되는 것 같지만, 다음과 같은 구체적 예로 생각해 보면 ①과 같은 의미로 이해할 수 있음

예: 분압 P일 때 용해도가 $n(\text{mol})$인 기체를 분압을 $2P$로 해 용해시킴
- 용해되는 양은 $2n(\text{mol})$이 됨($\Rightarrow$ 부피는 2배가 됨)
- 압력이 2배가 되므로 부피는 반비례해 2배가 됨

결국 용해되는 기체의 (그 분압 아래에서의) 부피는 변하지 않음

또한 ②는 고체와 반대(고체는 온도가 높아질수록 용해도가 커짐)이므로 주의해야 함

비슷한 것끼리 있으면 용해도가 커짐

용액은 물질을 녹이는 용매와 용매에 녹는 용질로 구성됩니다. 하지만 용매와 용질의 조합에 따라 잘 녹을 때도 있고, 거의 녹지 않을 때도 있습니다. 예외는 있지만 대략 다음 원칙에 따라 생각하면 용질이 용매에 잘 녹는지 아닌지를 판단할 수 있습니다.

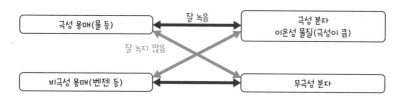

정리하면 극성을 가진 것끼리 또는 극성이 거의 없는 것끼리 조합하면 잘 녹는다는 것입니다. 즉, 비슷한 것끼리 잘 녹는다는 뜻입니다. 그 이유는 다음처럼 이해할 수 있습니다.

• 극성끼리일 때 (잘 녹음)

극성 분자 또는 이온성 물질을 물(극성 분자)에 녹이면 전기적 인력 때문에 물 분자에 끌리며, 물 분자에 둘러싸여 녹아내립니다. 이 현상을 수화(hydration)라고 합니다.

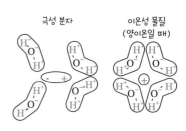

• 무극성끼리일 때 (잘 녹음)

무극성 분자 사이의 분자간 힘은 약하므로 무극성 분자는 자연스럽게 무극성 용매(벤젠 등)에 확산되어 녹아내립니다.

• 극성과 무극성일 때 (잘 녹지 않음)

용질과 용매의 한쪽이 극성을 띠고 다른 한쪽이 무극성이면, 극성을 띠는 것끼리 강한 결합력이 작용해 굳어지므로 잘 녹지 않습니다.

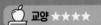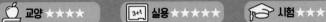
23 농도의 환산

용액의 농도를 나타내는 방법은 여러 가지가 있습니다. 서로 다른 표현 방법 사이에서 원활하게 농도를 환산할 수 있으면 활용도가 높습니다.

> **Point**
>
> **물질량을 사용해 용액의 농도를 표현함**
>
> 용액의 농도는 여러 가지로 표현할 수 있지만, 자주 사용되는 것은 다음 두 가지임
>
> $$\text{질량 퍼센트 농도(\%)} = \frac{\text{용질의 질량}}{\text{용질의 질량 + 용매의 질량}} \times 100$$
>
> $$\text{몰 농도(mol/L)} = \frac{\text{용질의 물질량(mol)}}{\text{용액 부피(L)}}$$
>
> 또한 다음과 같은 표현 방법도 있음
>
> $$\text{질량 몰 농도(mol/kg)} = \frac{\text{용질의 물질량(mol)}}{\text{용매의 질량(kg)}}$$
>
> 이는 용액의 '끓는점 오름'이나 '어는점 내림'을 구할 때 필요함(24 참고)

용액 1L를 생각하는 것이 단위 환산 요령

다음 예에서 농도 단위 변환 연습을 해보겠습니다.

　　질량 퍼센트 농도가 49%, 밀도가 1.6g/mL인 농황산의 몰 농도를 구하라.

앞 예에서는 농황산이 몇 mL인지 적혀있지 않습니다. 하지만 부피를 정하면 계산이 더 쉽습니다. 그래서 농황산의 부피를 1L로 생각하겠습니다. 용액의 부피가 변해도 몰 농도는 변하지 않기 때문입니다. 계산하기 쉬운 값으로 자유롭게 정하면 됩니다.

1L의 농황산 전체 질량(g)은 '용액 전체 질량(g) = 밀도(g/mL) × 용액 전체 부피(mL)'에서 1.6g/mL × 1000 mL = 1600g으로 구할 수 있습니다.

또한 이 안에 포함된 용질 H_2SO_4의 질량(g)은 다음처럼 구합니다.

$$\text{용질의 질량(g)} = \text{전체 용액의 질량(g)} \times \frac{\text{질량 퍼센트 농도(\%)}}{100}$$

따라서 1600g × (49/100) = 784g으로 구할 수 있습니다. $H_2SO_4$98g이 1mol이므로 784g은 784 / 98 = 8.0mol입니다. 또한 몰 농도(mol/L) = 8.0(mol) / 1.0(L) = 8.0mol/L로 구할 수 있습니다.

BUSINESS 대기 중 이산화 탄소 농도를 나타내는 단위

농도가 매우 작으면 'ppm'이나 'ppb'라는 단위를 사용할 때도 있습니다. ppm은 parts per million의 약자로 100만분의 1을 의미합니다. 즉, 1ppm은 100만분의 1이라는 농도를 나타냅니다.

현재 대기 중 이산화 탄소 농도 상승이 문제가 되고 있습니다. 이때 보통 농도를 ppm으로 표현합니다. 지구상의 이산화 탄소 농도는 대략 400ppm입니다. 온난화 문제를 생각할 때 알아두면 좋은 값입니다. 참고로 ppb는 parts per billion의 줄임말로 10억분의 1을 나타냅니다. 더욱 작은 양이 갖는 성분의 농도를 나타낼 때 사용됩니다.

값을 나타내는 단위는 정말 다양합니다. 신문 등에 표기되는 농도에는 반드시 단위가 붙어 있습니다. 이러한 단위를 제대로 알아두면 더 깊게 농도를 이해할 수 있습니다.

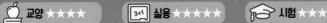
24 끓는점 오름과 어는점 내림

희석 용액의 성질은 끓는점 오름, 어는점 내림, 삼투압이라는 세 가지 개념이 중요합니다. 먼저 끓는점 오름과 어는점 내림을 설명합니다.

Point 증기압이 낮아지므로 끓는점이 상승함

순수한 물에 용질을 녹이면 다음 그림과 같은 원리로 증기압이 낮아짐. 이 현상을 증기압 내림이라고 함

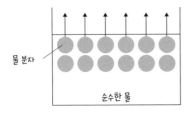

물 분자

순수한 물

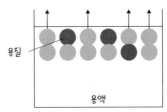

용질

용액

용매는 증발할 수 없으므로 그만큼 증기압이 낮아짐

순수한 물이라면 100℃일 때 증기압이 대기압과 같지만, 용액이라면 증기압 내림 때문에 100℃의 증기압이 대기압보다 작아짐. 즉, 증기압을 대기압과 같게 하려면 100℃보다 더 높은 온도로 만들어야 함

대기압 = 증기압이면 끓는 현상이 일어나므로 순수한 물은 100℃에서 끓지만, 용액은 100℃보다 높은 온도가 아니면 끓지 않음. 이 현상을 끓는점 오름이라고 함. 즉, 증기압이 낮아지므로 용액의 끓는점이 오르는 것임

끓는점 오름도와 어는점 내림도는 비슷한 공식으로 구할 수 있음

용액의 끓는점이 순수한 물과 비교해 얼마나 높아지는지를 끓는점 오름도라고 하며, 다음 공식으로 구할 수 있습니다.

$$\Delta t = K_b \times m$$

Δt: 끓는점 오름도(℃)

K_b: 몰 끓는점 오름(용매의 종류에 따라 결정되며, 용질의 종류와는 무관한 상수)

m: 용액의 질량 몰 농도(mol/kg)

$$\text{질량 몰 농도(mol/kg)} = \frac{\text{용질의 물질량(mol)}}{\text{용매의 질량(kg)}}$$

참고로 끓는점 오름도의 크기는 용해된 용질의 입자 수에 따라 결정되므로, 용액의 질량 몰 농도는 입자 수로 구해야 한다는 점에 유의해야 합니다.

> 예: 1mol의 NaCl을 M(kg)이라는 용매에 녹였을 때, NaCl은 용액에서 NaCl → Na^+ + Cl^-로 전리되므로 1mol의 NaCl은 전리되어 2mol의 이온 입자가 됨. 따라서 용액의 질량 몰 농도는 $2/M$(mol/kg)로 계산함

다음은 어는점 내림입니다. 순수한 물에 용질을 녹이면 용질이 방해가 되어 응고되기 어려우므로 응고점이 낮아집니다.

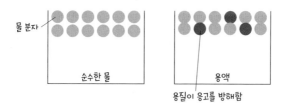

이 현상을 어는점 내림이라고 합니다. 순수한 물과 비교했을 때 어는점이 얼마나 낮아지는 지를 어는점 내림도라고 하며, 끓는점 오름도와 같은 형태의 공식으로 구할 수 있습니다.

$\Delta t = K_f \times m$

 Δt: 어는점 내림도(℃)

 K_f: 몰 어는점 내림(용매의 종류에 따라 결정되며, 용질의 종류와는 무관한 상수)

 m: 용액의 질량 몰 농도(mol/kg)

끓는점 오름과 마찬가지로 용액의 질량 몰 농도는 입자 수로 구해야 합니다.

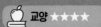 
25 삼투압

희석 용액의 또 다른 성질 중 중요한 것은 삼투압입니다. 이를 이용해 바닷물을 민물로 바꿀 수도 있습니다.

Point

삼투압은 '스며드는 압력'

다음 그림처럼 순수한 용매와 용액이 반투과성막으로 나뉜 상태를 생각함

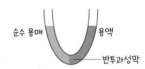

반투과성막은 용매 입자는 통과할 수 있지만 용질 입자(용매 입자보다 큰 입자)는 통과할 수 없는 크기의 구멍이 뚫려 있는 막임. 순수 용매나 용액 중에도 용매 입자가 존재하므로, 순수 용매 → 용액 방향이든 용액 → 순수 용매 방향이든 용매 입자가 이동함. 하지만 다음 그림처럼 순수 용매 → 용액 방향으로 이동하는 용매 입자가 더 많아짐

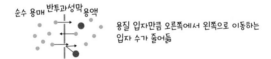

순수 용매 반투과성막 용액

용질 입자만큼 오른쪽에서 왼쪽으로 이동하는 입자 수가 줄어듦

이렇게 용매 입자가 이동하는 현상을 침투라고 하며, 순수 용매에서 용액으로 침투하는 압력을 용액의 삼투압이라고 함. 용액의 삼투압은 '용액이 스며드는 압력'이 아니라 '용액으로 스며드는' 압력이라는 점에 유의해야 함

삼투압을 구하는 공식은 기체의 상태 방정식과 비슷함

침투가 일어나면 다음 그림처럼 액체의 표면에 높고 낮음의 차이가 생깁니다.

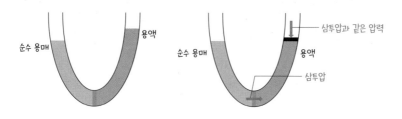

이때 높고 낮음의 차이가 생기지 않도록 하려면 앞 그림 오른쪽처럼 용액 쪽에 삼투압과 같은 크기의 압력을 가해야 합니다.

또한 용액의 삼투압 크기 π는 다음 식으로 구할 수 있습니다.

$$\pi = CRT$$

    C: 용액의 몰 농도(mol/L) (이때도 용액의 몰 농도는 입자 수로 구함)

    R: (이상 기체 상태 방정식의) 기체 상수

    T: 절대온도(K)

여기서 용액의 몰 농도 $C = n/V$(V: 용액의 부피, n: 용질의 몰)로 나타낼 수 있으므로 위의 식은 '$\pi = nRT/V$', 즉 '$\pi V = nRT$'로 이상 기체 상태 방정식과 같은 형태가 됩니다. 이상 기체 상태 방정식과 의미는 다르지만, 같은 형태라고 생각하면 쉽게 기억할 수 있습니다.

BUSINESS 바닷물을 민물로 만드는 방법

앞 그림에서 삼투압 이상의 힘을 용액 쪽에 가하면 어떻게 될까요? 이때 보통의 삼투압과는 반대로 용매가 이동합니다. 이를 '역삼투'라고 하는데, 이렇게 하면 순수한 용매를 증가시킬 수 있습니다.

최근 지구 전체 관점에서 수자원 확보가 중요한 과제로 떠오르고 있습니다. 하지만 바다에는 물이 풍부합니다. 이를 역삼투압을 통해 민물로 만드는 방법(담수화)이 물 부족 지역이나 대형 선박에서 활용되는 중입니다. 또한, 제약용 무균수 제조, 전자 산업용 초순수 제조, 농축 환원 주스용 농축액 제조 등에도 역삼투압이 활용됩니다.

 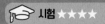
26 콜로이드 용액

직경 10^{-7}~10^{-5}cm의 입자를 콜로이드 입자라고 하며, 이를 물에 녹이면 투명하지는 않지만 침전되지 않는 액체가 됩니다. 이를 콜로이드 용액이라고 합니다.

Point 콜로이드 입자는 세 가지로 분류됨

콜로이드 입자는 일반 용액의 용질(직경 10^{-7}cm 이하)보다 크므로 반투과성막은 통과할 수 없지만 여과지는 통과할 수 있음

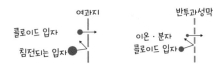

콜로이드는 입자가 만들어지는 방식에 따라 다음처럼 분류됨

① 분자 콜로이드: 거대한 분자가 분자 1개로 콜로이드 입자가 된 것(예: 단백질, 전분)

친수성이 많아 물 분자에 둘러싸여 물속에서 안정화됨

② 회합 콜로이드: 친수성(hydrophilic)과 소수성(hydrophobic)을 갖는 50~100개의 분자가 소수성을 안쪽으로 향하게 해 콜로이드 입자가 된 것(예: 석회)

알칼리 분자
친수성
소수성

집합

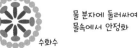
물 분자에 둘러싸여 물속에서 안정화
수화수

③ 분산 콜로이드: 본래 그 용매에 녹지 않는 물질이 어떤 원인 때문에 표면에 전하를 띠는 콜로이드 입자(예: 진흙탕의 진흙, 유황, 금속, 수산화철(Ⅲ))

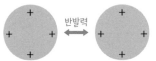
반발력

반발력 때문에 분산되어 침전되지 않음

콜로이드 용액의 독특한 성질

콜로이드 용액에는 다음과 같은 성질이 있습니다(①~③은 콜로이드 입자의 크기, ④는 전하가 관계되는 현상).

① 틴들 효과: 콜로이드 용액에 빛을 통과시키면 콜로이드 입자 때문에 빛이 산란되어 빛의 통로가 보이는 현상

② 브라운 운동: 콜로이드 입자 주위 수많은 용매 분자들의 무작위적인 충돌 때문에 콜로이드 입자가 불규칙하게 운동하는 현상

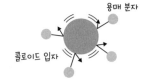

③ 투석: 이온이나 분자는 반투과성막을 통과할 수 있지만, 콜로이드 입자는 반투과성막을 통과할 수 없는 것을 이용해 콜로이드 용액을 정제하는 것

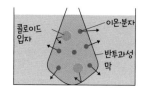

④ 전기 이동: 콜로이드 용액에 전압을 가하면 콜로이드 입자가 이동하는 현상

$Fe(OH)_3$의 콜로이드는 양전하를 띠므로 음극 쪽으로 이동함

📟 BUSINESS 신장의 투석 메커니즘

인체에서는 신장이 투석을 담당합니다. 혈액에서 물, 이온, 포도당, 노폐물 등을 배출해 원뇨(소변의 원료)를 만듭니다. 원뇨는 작은 입자로 이뤄졌습니다. 반면 혈구나 단백질 등 큰 입자로 이루어진 것은 혈액 속에 남겨둡니다. 이렇게 입자의 크기 차이를 이용해 투석을 하는 것입니다.

또한 신장의 기능을 보충하려고 시행하는 것이 인공투석입니다. 인공 신장을 이용해 혈액을 투석하는데, 인공 신장에는 당연히 반투과성막이 사용됩니다.

 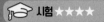
27 열화학 방정식

열화학 방정식은 겉으로 보기에는 화학 반응식과 비슷합니다. 하지만 표현 내용에는 차이가 있으며, 이를 이해하면 활용의 폭이 넓어집니다.

---

1. Point

열화학 방정식과 화학 반응식의 차이점

- 열화학 방정식 중 화학식: 각 물질의 에너지를 나타냄
- 열화학 방정식 중 화학식의 계수: 각 물질의 mol 수 자체를 나타냄

화학 반응식과 다른 점은 다음 예와 같음

(예) 열화학 방정식 CH_4(기체) + $2O_2$(기체) = $2H_2O$(액체) + CO_2(기체) + 890kJ은 'CH_4(기체) 1mol의 에너지 + O_2(기체) 2mol의 에너지'와 'H_2O(액체) 2mol의 에너지 + CO_2(기체) 1mol의 에너지 + 890kJ'가 같다는 것을 나타냄. 그림으로 표현하면 다음과 같음

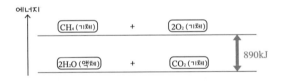

열화학 방정식을 사용하는 방법

열화학 방정식의 뜻을 이해하면 필요에 따라 방정식을 사용할 수 있습니다.

액체 물 1mol이 증발해 수증기가 될 때, 41kJ의 열을 흡수하는 예를 이용해 설명하겠습니다. 열을 흡수하면 그만큼 물질의 에너지는 커집니다. 따라서 다음 그림과 같은 관계임을 알 수 있습니다.

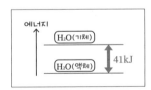

즉, H$_2$O(기체) 1mol의 에너지는 H$_2$O(액체) 1mol의 에너지보다 41kJ만큼 더 큰 것입니다. 이를 수식으로 표현하면 H$_2$O(기체) = H$_2$O(액체) + 41kJ입니다.

또다른 예로 메탄올 CH$_3$OH(액체) 1mol이 완전 연소되어 물(액체)과 이산화 탄소로 변할 때 726kJ의 열이 발생하는 상황도 살펴보겠습니다. 메탄올의 완전 연소 화학 반응식은 다음처럼 나타낼 수 있습니다.

$$CH_3OH + \frac{3}{2}O_2 \rightarrow 2H_2O + CO_2$$

이 반응에서 열이 발생하므로 반응 후 물질의 에너지가 더 작다는 것을 알 수 있습니다. 따라서 다음 그림과 같은 관계임을 알 수 있습니다.

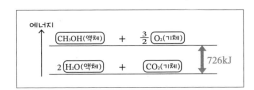

즉, 'CH$_3$OH(액체) 1mol의 에너지 + O$_2$(기체) $\frac{3}{2}$mol의 에너지'는 'H$_2$O(액체) 2mol의 에너지 + CO$_2$(기체) 1mol의 에너지'보다 726kJ만큼 더 큰 것입니다. 이를 식에 대입하면 다음과 같습니다.

$$CH_3OH(액체) + \frac{3}{2}O_2(기체) = 2H_2O(액체) + CO_2(기체) + 726\,kJ$$

28 산화 환원 반응

산화 환원 반응은 산소가 관여하는 반응에만 국한된 것이 아닙니다. 산소가 없어도 산화 환원 반응이 일어날 수 있습니다.

Point 1. 산화 환원 반응의 본질은 전자의 주고받음

산화 환원 반응에 관한 단어의 정의는 다음과 같음

- 산화한다 = 상대로부터 전자를 빼앗음
- 환원한다 = 상대에게 전자를 줌

이 개념을 이해한 후 다음 그림과 같은 반응(e^-는 전자를 나타냄)이 있어났을 때를 생각함

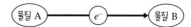

다음과 같은 표현을 할 수 있음

> A는 B를 환원했다(B는 A 때문에 환원됨)
> B는 A를 산화시켰다(A는 B 때문에 산화됨)

또한 산화 환원 반응이 전자의 주고받음이라는 것을 알면 산화와 환원은 반드시 동시에 일어난다는 것을 알 수 있음

산화 환원 반응을 산소와 수소의 주고받기로 이해하는 방법

산화 환원 반응의 본질은 전자의 주고받기입니다. 하지만 전자는 눈에 보이지 않는 물질이므로 전자의 이동만으로 실제 반응을 이해하려면 번거롭습니다. 그래서 흔히 등장하는 산소와 수소의 주고받기의 개념에서 산화 환원을 이해하는 방법이 있습니다. 이때도 다음 설명처럼 본질은 전자의 주고받음이 있습니다.

- **산소(O)의 주고받기에 의한 정의**

  산소(O)와 결합 = 산화됨
  산소(O)를 잃음 = 환원됨

예를 들어 2Cu + O₂ → 2CuO인 상태를 생각해보겠습니다. 반응 후 산소(전자를 끌어당기는 힘이 강함)는 음전기를 갖습니다. 따라서 음전기와 결합하는 구리는 양전기를 갖습니다. 즉, 산소와 결합하면서 구리는 다음 식처럼 전자를 **빼앗긴**(산화한) 것으로 이해할 수 있습니다.

$$CuO + H_2 \rightarrow Cu + H_2O$$

반응 전 산소는 음전기를 갖습니다. 따라서 구리는 양전기를 갖습니다. 그것이 산소를 놓아줌으로써 양전기가 되지 않도록 합니다. 즉, 산소를 잃음으로써 구리는 음전기(전자)를 얻습니다.

• 수소(H)의 주고받기에 의한 정의

> 수소(H)와 결합 = 환원됨
> 수소(H)를 잃음 = 산화됨

예를 들어 $H_2S + I_2 \rightarrow S + 2HI$인 상태를 생각해 보겠습니다. 수소(전자를 끌어당기는 힘이 약함)는 양전기를 갖습니다. 따라서 반응 전에는 수소와 결합하는 황이 음전기를 갖습니다. 그것이 수소를 놓아줌으로써 음전기를 잃습니다(전자를 잃음). 또한 반응 전에는 전기를 갖지 않았던 아이오딘은 수소와 결합하면서 음전기를 갖습니다(전자를 얻음).

📃 BUSINESS 손난로가 따뜻해지는 원리

추운 겨울날이면 손난로를 손에서 놓지 못하는 사람이 많습니다. 일반적인 손난로는 화학 반응을 이용한 '화학 손난로'라는 것입니다. 화학 손난로 안에는 잘게 부숴진 철가루가 들어 있습니다. 이 철가루가 공기와 만나면 공기 중의 산소와 반응합니다. 즉, 철가루가 산화되는 것입니다.

철가루의 산화 반응은 발열 반응입니다. 이 열을 이용하는 것이 화학 손난로입니다.

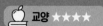 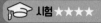

29 금속의 산화 환원 반응

두 종류 이상의 금속이 관여하는 반응에서는 금속에 따라 산화되는 정도가 다릅니다. 그 원리는 전지나 전기 분해에 응용됩니다.

> ## 1. Point 금속의 이온화 열
>
> 금속이 이온이 될 때는 양이온이 됨. 즉, 이온화할 때 전자를 내놓는 것임. 금속은 종류에 따라 양이온이 되기 쉬운 정도에 차이가 있음. 양이온이 되기 쉬운 순서대로 정렬한 것을 이온화 서열이라고 하며, 다음 그림처럼 나타냄
>
> Li K Ca Na Mg Al Zn Fe Ni Sn Pb (H) Cu Hg Ag Pt Au
>
> 이온화 경향이 큰 금속일수록 다른 물질과 반응하기 쉽다는 점도 중요함

이온화 서열로 실현되는 반응과 실현되지 않는 반응을 구분할 수 있음

질산 은($AgNO_3$) 수용액에 구리(Cu)를 넣으면 구리가 녹아 은(Ag)이 침전되는 현상이 일어납니다. 질산은 수용액에는 은 이온이 포함되었는데, 은보다 이온화되기 쉬운 구리가 대신해서 이온이 되어 녹아내리는 것입니다.

구리가 이온이 될 때 전자를 방출하면 은 이온이 받아들여 은이 단독으로 침전됩니다. 이를 반대로 하면 어떻게 될까요? 즉, 질산 구리($Cu(NO_3)_2$) 수용액에 은을 넣는 것입니다. 이때는 아무런 변화가 일어나지 않습니다. 은은 구리보다 이온화 경향이 작기 때문입니다. 원래 이온화 경향이 큰 것이 이온이 된 상태이므로 해당 상태에서 변화가 없는 것입니다. 이처럼 이온화 서열을 이해하면 화학 반응이 일어날 때와 일어나지 않을 때를 구분할 수 있습니다.

또한 이온화 경향이 큰 금속일수록 다른 물질과 반응하기 쉽다는 점도 중요합니다. 이를 정리하면 다음 그림과 같습니다.

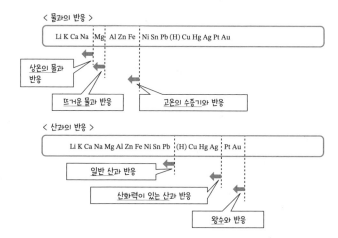

예를 들어 Li, K, Ca, Na 등 이온화 경향이 매우 큰 금속은 실험실에서 등유에 보관합니다. 다른 물질과의 반응성이 높고 공기 중에서도 쉽게 산화되는데, 등유라면 이러한 반응을 막을 수 있기 때문입니다.

BUSINESS '아연 도금'과 '양철'의 도금 방법

금속의 이온화 서열은 도금 방법에도 관여합니다. 도금의 대표적인 예인 아연 도금과 양철은 다음 그림처럼 도금합니다.

아연 도금 = 철판(Fe)의 표면을 아연(Zn)으로 도금한 것

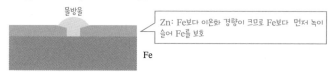

손상되기 쉽고, 지붕이나 양동이 제작에 이용됨 (손상되어도 Zn이 Fe를 보호)

양철 = 철판(Fe)의 표면에 주석(Sn)을 도금한 것

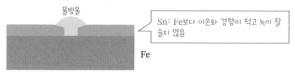

손상되지 않으면 반응성이 낮은 Sn이 보호해 주지만, 손상되면 이온화 경향이 큰 Fe가 먼저

 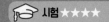
30 전지

현대 생활은 전지 없이는 불가능할지도 모릅니다. 전지는 산화 환원 반응을 이용합니다.

Point

금속의 이온화 서열이 응용됨

'산화 환원 반응을 이용해 전류를 외부로 빼내는 장치'가 전지임. 구조는 오른쪽 그림처럼 이해할 수 있음(전류의 방향과 전자가 흐르는 방향이 반대이므로 주의해야 함)

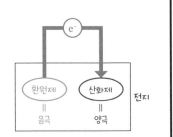

아래에서 설명하는 대표적인 전지의 양극(산화제)과 음극(환원제)에서 각각 어떤 반응이 일어나는지 이해할 필요가 있음

초창기 개발된 전지로 전지의 원리를 알아봄

전지에는 다음과 같은 것이 있습니다.

볼타 전지

양극의 반응은 $2H^+ + 2e^- \rightarrow H_2$($H^+$는 H_2SO_4가 전리되어 발생), 음극의 반응은 $Zn \rightarrow Zn^{2+} + 2e^-$(이온화 경향은 $Zn \rangle Cu$이므로 Cu는 이온화되지 않고 Zn이 이온화됨)입니다.

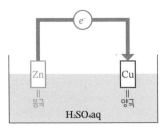

양극에서 발생한 H_2는 Cu보다 이온화 경향이 크므로 e^-를 방출해 원래대로 돌아가려고 함

$$H_2 \rightarrow 2H^+ + 2e^-$$

이 현상을 분극이라고 함. 분극이 일어나므로 볼타 전지의 전압은 금방 떨어짐. 이는 H^+ 대신 e^-를 받아들이는 산화제(감극제)를 넣으면 막을 수 있음

• 납축 전지(자동차 전지에 이용)

양극의 반응은 $PbO_2 + 2e^- + 4H^+ \rightarrow Pb^{2+} + 2H_2O$,
음극의 반응은 $Pb \rightarrow Pb^{2+} + 2e^-$(Pb의 이온화 경향은
그다지 크지 않지만, 강력한 산화제인 PbO_2에 e^-를
빼앗김)입니다.

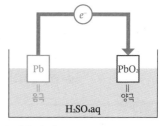

양극의 (반)반응식과 음극의 (반)반응식을 조합하면 다음과 같습니다.

$$PbO_2 + Pb + 4H^+ \rightarrow 2PbSO_4 + 2H_2O$$

H+는 황산 H_2SO_4가 전리되어 생긴 것이므로 다음이 성립합니다.

$$PbO_2 + Pb + 2H_2SO_4 \rightarrow 2Pb^{2+} + 2H_2O \cdots ※$$

이것이 납축 전지를 방전했을 때의 화학 반응식입니다. 전류를 흘리면 양극, 음극에서 모두 황산납($PbSO_4$)이 생성됨을 알 수 있습니다. $PbSO_4$는 물에 녹지 않으므로 극판에 부착된 채로 남습니다. 따라서 납축 전지에 ※(방전)과 반대 방향으로 전류를 흘리면 ※의 역반응(충전)이 일어나 원래대로 돌아갑니다.

$$PbO_2 + Pb + 2H_2SO_4 \underset{충전}{\overset{방전}{\rightleftarrows}} 2PbSO_4 + 2H_2O$$

⎙ BUSINESS 연료 전지가 전기를 만들어내는 원리

차세대 자동차로 기대를 모으는 것으로 연료 전지 자동차가 있습니다. 연료 전지는 다음 그림처럼 수소와 산소를 이용해 전기를 생산합니다. 이때 배출되는 것은 물뿐이므로 청정 에너지원이라고 할 수 있습니다.

양극의 반응: $O_2 + 4e^- \rightarrow 2O^{2-}$
음극의 반응: $H_2 \rightarrow 2H^+ + 2e^-$

⬇

두 식을 결합하면 $O_2 + 2H_2 \rightarrow 2H_2O$입니다.

31 전기 분해

물질에 전기를 흘려 분해해 일상생활에 꼭 필요한 물건을 만드는 예가 있습니다. 여기서는 전기 분해의 원리를 설명합니다.

Point 무리하게 전기를 흘려서 분해하는 것이 전기 분해

'산화 환원 반응을 이용해 전류를 외부로 빼내는 장치'가 전지라면, '전류를 흘려서 산화 환원 반응을 (억지로) 일으키는 것'이 전기 분해임. '양극'과 '양극', '음극'과 '음극'은 혼동하기 쉬우므로 주의해야 함

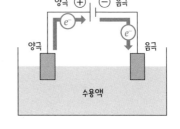

전지의 $\begin{cases} +쪽 = 양극 \\ -쪽 = 음극 \end{cases}$

전기 분해 극판의 $\begin{cases} 양극에 연결된 쪽 = 양극 \\ 음극에 연결된 쪽 = 음극 \end{cases}$

음극에서 일어나는 반응

음극에 연결된 쪽이 음극이므로 음극에는 전자 e^-가 유입됩니다. 음극에서는 유입된 전자를 수용액 속의 양이온이 받아들이는 반응이 일어납니다. 여러 개의 양이온이 있으면, 어떤 양이온이 전자를 받을지는 이온화 경향에 따라 결정됩니다.

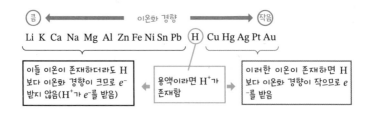

양극에서 일어나는 반응

양극에 연결된 쪽이 양극이므로, 양극에서는 전자 e^-를 내보내야 합니다. 양극에서는 극판 또는 용액 속의 음이온이 전자를 방출하는 반응이 일어납니다. 무엇이 전자를 방출하는지는 다음처럼 판단할 수 있습니다.

① 극판이 e^-를 방출하는지 확인함

음극에서는 극판이 반응하지 않지만, 양극에서는 극판이 반응할 수 있으므로 주의해야 합니다. 극판에 사용된 금속의 이온화 경향이 Ag 이상이면 극판 자체가 e^-를 방출합니다.

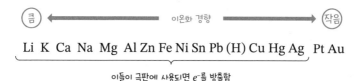

이온화 경향이 Ag보다 작은 금속(Pt와 Au)이나 탄소가 극판에 사용되었을 때라면 이들은 반응하지 않으므로 용액 내 음이온이 반응합니다.

② 용액 내 음이온 중 가장 반응하기 쉬운 것이 e^-를 방출함

극판이 반응하지 않을 때는 용액 속의 음이온이 반응합니다. 음이온의 반응성(e^- 방출의 용이성)은 다음 그림과 같습니다.

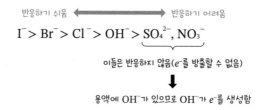

32 반응 속도

화학 반응은 단번에 일어나는 것이 아닙니다. 천천히 진행될 때도 있습니다. 그것은 어떤 원인 때문에 결정될까요?

! Point

반응 속도의 표현 방법

화학 반응이 일어나는 속도를 반응 속도라고 함. 반응 속도 v는 $v = \Delta[A]/\Delta t$($\Delta[A]$: 물질 A의 몰 농도 변화량, Δt: 변하는 데 걸리는 시간)와 같이 '단위 시간당 몰 농도 변화량'으로 나타냄

예: $H_2 + I_2 \rightarrow 2HI$라는 반응일 때

HI의 단위 시간당 몰 농도 변화는 H_2나 I_2의 단위 시간당 몰 농도 변화의 2배가 되므로 다음 관계가 성립함

$$2\frac{\Delta[H_2]}{\Delta t} = 2\frac{\Delta[I_2]}{\Delta t} = \frac{\Delta[HI]}{\Delta t}$$

즉, 몰 농도 변화량은 물질에 따라 다름. 그래서 보통 '계수 1당 몰 농도 변화량'을 그 반응의 반응 속도 v로 정함. 이 반응이라면 반응 속도는 다음과 같음

$$반응 속도 \, v = \frac{\Delta[H_2]}{\Delta t} = \frac{\Delta[I_2]}{\Delta t} = \frac{1}{2} \times \frac{\Delta[HI]}{\Delta t}$$

반응 속도는 세 가지 요인 때문에 변함

반응 속도 v는 반응의 종류에 따라 다르지만, 같은 반응이라도 조건에 따라 달라집니다. 이를 이해하려면 먼저 화학 반응이 일어나는 과정을 알아야 합니다. 다음 예를 살펴보겠습니다.

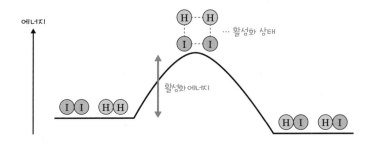

예: $H_2 + I_2 \rightarrow 2HI$라는 반응은 다음 그림처럼 일어남

※ 활성화 상태 = 반응 도중에 가장 높은 에너지를 갖는 상태
　　　　　　　　 (개별 원자 상태보다 에너지가 낮은 상태)
※ 활성화 에너지 = 활성화 상태가 되는 데 필요한 에너지

H_2 분자와 I_2 분자가 충돌해 활성화 에너지를 넘으면 반응하지만, 활성화 에너지를 넘지 않으면 반응하지 않음

이러한 화학 반응의 과정을 이해하면 반응 속도 v를 크게 하는 방법은 다음 세 가지임을 알 수 있습니다.

① 농도를 높임

화학 반응은 반응물(반응하는 분자) 사이의 충돌 때문에 일어납니다. 농도를 높이면 분자 사이의 충돌 횟수가 늘어나므로 반응 속도 v가 커집니다.

② 온도를 높임

온도를 높이면 분자가 빠르게 움직이므로 분자 사이의 충돌 횟수가 증가해 반응 속도 v가 커집니다. 또한 충돌이 일어나도 활성화 에너지를 넘지 않으면 반응이 일어나지 않습니다. 온도가 높아지면 에너지가 높은 분자의 비율이 많아지고 활성화 에너지를 초과할 확률이 높아져 반응 속도 v가 커집니다.

③ 촉매 첨가

촉매를 추가하면 활성화 에너지가 낮은 경로를 통해 반응합니다. 따라서 반응하는 분자의 수가 증가해 반응 속도 v가 커집니다.

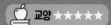 
33 화학 평형

화학 반응이 진행된 후에는 아무런 변화가 없는 것일까요? 사실 그렇게 보이는 것일 뿐 실제로는 반응이 계속됩니다.

> ## 겉으로 보기에 반응이 멈춘 것이 평형 상태
>
> 화학 반응에는 비가역 반응과 가역 반응이 있음
>
> ### 비가역 반응
>
> 예 1: 메탄의 완전 연소 $CH_4 + 2O_2 \rightarrow CO_2 + 2H_2O$
>
> 　　　오른쪽 방향의 반응(정반응) $CH_4 + 2O_2 \rightarrow CO_2 + 2H_2O$는 일어남
>
> 　　　왼쪽 방향의 반응(역반응) $CO_2 + 2H_2O \rightarrow CH_4 + 2O_2$는 일어나지 않음
>
> 이러한 일방 통행 반응을 비가역 반응이라고 함
>
> ### 가역 반응
>
> 예 2: 기체 상태의 수소와 아이오딘을 혼합했을 때의 반응 $H_2 + I_2 \rightleftarrows 2HI$
>
> 　　　오른쪽 방향의 반응(정반응) $H_2 + I_2 \rightleftarrows 2HI$는 일어남
>
> 　　　왼쪽 방향의 반응(역반응) $2HI \rightarrow H_2 + I_2$도 일어남
>
> 이러한 반응을 가역 반응이라고 함
>
> 예 2는 처음에 H_2와 I_2만 있으므로 정반응이 진행됨. 정반응의 반응 속도를 v_1 이라고 하면 '$v_1 = k_1[H_2][I_2]$'이며, 정반응이 진행됨에 따라 H_2도 I_2도 감소하므로 v_1은 점점 작아짐. 또한 정반응이 진행됨에 따라 HI가 증가하므로 역반응의 반응 속도 '$v_2 = k_2[HI]^2$'은 점점 커짐. 그럼 결국 '$v_1 = v_2$'가 됨
>
> $v_1 = v_2$가 되면 실제로는 정반응도 역반응도 계속되지만, 그 반응 속도가 같으므로 겉으로 보기에는 반응이 멈춘 것처럼 보임. 이 상태를 평형 상태라고 함

평형은 변화를 완화하는 방향으로 이동함

어떤 반응이 평형 상태에 있을 때는 '정반응의 반응 속도 v_1 = 역반응의 반응 속도 v_2'로 되어 있는데, 이 관계가 어떤 조건의 변화 때문에 '$v_1 > v_2$ or $v_1 < v_2$'가 되었다고 가정해 보겠습니다. 그럼 다시 '$v_1 = v_2$'의 상태가 될 때까지 정반응 또는 역반응이 진행되어 새로운 평형 상태가 탄생합니다. 이를 평형 이동이라고 합니다.

이때 각각의 조건 변화에 평형이 어느 방향으로 이동하는지 판단할 수 있어야 합니다. 평형이 이동하는 방향은 변화를 완화하는 방향으로 이동이라는 원리로 모두 이해할 수 있습니다.

• 농도를 변화시켰을 때

평형 상태에 있는 반응에서 특정 물질의 농도를 높이면 그 물질의 농도를 낮추는 방향으로 평형이 이동합니다. 반대로 특정 물질의 농도를 작게 하면 그 물질의 농도가 커지는 방향으로 이동합니다.

• 압력을 변화시켰을 때

평형 상태에 있는 반응에서 물질 전체의 압력을 높이면 분자의 수가 줄어드는 방향으로 평형이 이동합니다. 이는 분자의 수가 줄어들면 전체 압력이 작아지기 때문입니다. 반대로 전체 압력을 작게 하면 분자의 수가 증가하는 방향으로 이동합니다.

• 온도를 변화시켰을 때

온도를 올리면 온도를 낮추려고 흡열 반응이 진행되는 방향으로 평형이 이동합니다. 반대로 온도를 낮추면 온도를 높이려고 발열 반응이 진행되는 방향으로 이동합니다. 참고로 촉매를 첨가하면 정반응의 반응 속도 v_1도, 역반응의 반응 속도 v_2도 커지지만 커지는 배율이 같으므로 평형 상태에 도달하는 시간은 짧아져도 평형은 이동하지 않습니다.

 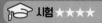
34 전리 평형

화학 평형은 수용액 속에서도 탄생합니다. 이때 전리 상수와 전리도라는 두 가지 값을 사용해 생각해 봅니다.

Point 1. 전리의 정도는 두 가지 값으로 표현됨

예를 들어 아세트산(CH_3COOH)은 물 속에서 일부가 전리되어 평형 상태가 됨

$$CH_3COOH \rightleftarrows CH_3COO^- + H^+$$

이처럼 전리 때문에 생기는 평형을 전리 평형이라고 함

전리 상수

전리 평형의 평형 상수는 전리 상수라고 하며 다음처럼 나타냄

$$전리 상수 \ K_a = \frac{[CH_3COO^-][H^+]}{[CH_3COOH]}$$

(산(acid)일 때 K_a, 염기(base)일 때 K_b로 표현함)

온도가 일정하면 평형 상수도 일정함

전리도

전리 상수로 산이나 염기가 어느 정도 전리되었는지 알 수 있지만, 직관적으로 전리 정도를 알기 위해서는 산이나 염기가 전리되는 비율을 나타내는 전리도가 더 편리함. 예를 들어 약산인 CH_3COOH의 전리도는 약 0.01이며, 이는 아세트산 전체 중 1% 정도만 전리된다는 것을 나타냄

이처럼 약산의 전리 정도는 전리 상수와 전리도 두 가지로 표현됨

전리 상수와 전리도의 관계 이해하기

전리 상수와 전리도의 관계는 다음 예처럼 이해할 수 있습니다.

예: 아세트산(CH_3COOH)의 전리도를 α라고 함

$$CH_3COOH \rightleftharpoons CH_3COO^- + H^+$$

전리 전	C	0	0
반응량	$-C\alpha$	$+C\alpha$	$+C\alpha$
평형 시	$C(1-\alpha)$	$C\alpha$	$C\alpha$

단위: mol/L

전리 상수 $K_a = \dfrac{[CH_3COO^-][H^+]}{[CH_3COOH]} = \dfrac{C\alpha \times C\alpha}{C(1-\alpha)} = \dfrac{C\alpha^2}{1-\alpha} \fallingdotseq C\alpha^2$

약산은 $\alpha \ll 1$이므로 $1 - \alpha \fallingdotseq 1$

전리 상수 K_a와 전리도 α에는 $\alpha = \sqrt{\dfrac{K_a}{C}}$ 라는 관계가 있음을 알 수 있음

$$[H^+] = C\alpha = C \times \sqrt{\dfrac{K_a}{C}} = \sqrt{CK_a}$$

앞 식에서 전리도 α를 몰라도 수소 이온 농도를 구할 수 있다는 것을 알 수 있음

앞의 관계식 $\alpha = \sqrt{\dfrac{K_a}{C}}$ 는 같은 온도(온도에 따라 K_a값이 결정됨)에서도 약산의 농도 C가 클수록 전리도 α는 작아지고, 농도 C가 작을수록 전리도 α는 커짐을 나타냅니다.

BUSINESS 완충 용액의 원리

소량의 산이나 염기를 첨가해도 pH가 거의 변하지 않는 용액을 완충 용액이라고 합니다. 완충 용액은 평형 이동을 이용한 것입니다. 혈액의 pH는 약 7.40으로 유지되어야 합니다. 이 역할을 하는 것이 혈액에 포함된 이산화 탄소와 탄산수소염입니다. 완충 용액으로 작용하는 것입니다.

의료용 수액제에도 pH 조절제가 첨가되어서 수액 때문에 혈액의 pH가 크게 변하지 않도록 합니다. 역시 완충 용액의 활용 사례입니다.

Column

유성 잉크를 지우는 가장 좋은 방법은?

책상에 유성 잉크로 낙서를 했다고 가정해 보겠습니다. 이를 지우려면 물로는 안 되고, 희석제(thinner)와 같은 기름의 동료인 액체를 사용해야 합니다. 기름의 친구란 극성이 없는 물질을 말합니다. 유성 잉크에도 무극성 물질이 사용됩니다. 반대로 물은 극성 분자로 이루어져 있습니다. 그리고 수성 잉크도 극성이 있는 물질입니다. 그래서 서로 잘 녹습니다.

이처럼 물질은 크게 물의 동료(극성)와 기름의 동료(무극성)로 나뉩니다. 이를 염두에 두면 무엇과 무엇이 녹는지 쉽게 이해할 수 있고, 약품의 취급, 세척 등을 할 수 있습니다. 약품을 효과적으로 사용할 수 있는 것입니다.

도로 결빙 방지

겨울이면 도로에 하얀 알갱이인 염화 칼슘이 뿌려질 때가 있습니다. 물에 용질이 녹으면 어는점이 낮아져 도로의 결빙을 막을 수 있습니다. 이는 도로의 결빙을 막는 데 도움이 됩니다.

염화 칼슘($CaCl_2$)은 비교적 저렴하게 만들 수 있고, '$CaCl_2 \rightarrow Ca^{2+} + 2Cl^-$'처럼 많은 이온으로 전리됩니다. 따라서 응고점을 낮추는 작용이 크게 일어납니다. 그리고 염화 칼슘은 물에 녹을 때 열을 내뿜는데 이 또한 동결 방지에 도움이 됩니다. 동결 방지에 적합한 물질이 염화 칼슘임을 알 수 있습니다.

평소에 흔히 볼 수 있었던 하얀 알갱이가 무엇이었는지는 알고 나면 흥미롭습니다.

Chapter

06

화학편
무기 화학

Introduction

생물과 무관한 물질

세상에 존재하는 물질은 '무기 화합물'과 '유기 화합물'로 분류합니다. 보통 '기(氣)'가 있다, 없다라고 표현합니다.

그럼 '기'란 무엇일까요? '기'는 마음을 나타내는 말입니다. 예를 들어 기계는 스위치를 켜지 않으면 움직이지 않습니다. 즉, 외부에서 힘을 가하지 않으면 움직이지 않는 것입니다. 사람의 마음도 비슷한 특징이 있습니다. 여러분의 어떤 생각을 하고, 어떤 생각을 하는지를 돌아보면 주변에서 영향을 많이 받습니다. 그래서 사람의 마음을 기(氣)라고 표현하는 것입니다.

이를 알면 유기 화합물이란 마음이 있는 생물의 몸을 구성하고 있는 물질이라는 것을 알 수 있습니다. 물론 동물뿐만 아니라 식물의 몸도 구성합니다. 예를 들어 단백질이나 지질 같은 것은 유기 화합물입니다. 반대로 생물과 무관한 물질을 무기 화합물이라고 합니다. 이는 산소나 수소와 같은 기체, 철, 구리 같은 금속 혹은 돌과 같은 것 등 다양합니다.

원래의 분류는 이런 방식이었지만 현재는 '탄소를 포함한 것'을 유기 화합물, '탄소를 포함하지 않은 것'을 무기 화합물로 분류합니다(이산화 탄소 등은 예외적으로 무기 화합물입니다). 이는 07장에서 자세히 설명하겠지만, 그만큼 생물의 몸속에는 많은 탄소가 들어있다는 뜻이기도 합니다.

무기 화합물을 이해하는 핵심

이 장에서는 탄소를 포함하지 않는 무기 화합물을 배웁니다. 무기 화학에 '너무 많은 물질이 등장해서 암기하기 힘들었다'는 기억을 갖는 분들이 많을 것 같습니다. 실제로 많은 물질이 등장합니다. 다음 사항을 참고해 무기 화합물을 이해하기 바랍니다.

- 물질별로 나누지 않고 '기체', '금속' 등 그룹으로 나누어 정리합니다.
- 반응의 배경이 되는 화학 이론을 이해합니다.

이 장에서는 무기 화합물의 중요 사항을 복습하는 데 중점을 둡니다.

무기 화학 분야에서는 기체나 금속 등 우리 주변에서 활용하는 물질들이 많이 나옵니다. 물질들의 성질을 화학적인 눈으로 재검토하면 많은 깨달음을 얻을 것입니다.

📟 업무에 활용하는 독자가 알아 둘 점

금속을 어떻게 활용하느냐에 따라 모터의 에너지 효율이 달라집니다. 금속을 조합해 합금을 만들 수도 있습니다. 금속의 성질을 이해하는 것은 물건 만들기에 필수 요소입니다.

🎓 수험생이 알아 둘 점

수많은 물질이 등장해 혼동하기 쉬운 분야이지만, 필수 지식을 정리하고 이해하면 반드시 문제를 풀 수 있는 분야입니다. 이 분야는 이론 화학을 어려워하는 사람이라도 성실하게 꾸준히 공부하면 반드시 시험에서 좋은 점수를 받을 수 있는 분야라고 할 수 있습니다. 자신에게 성실함과 꾸준함이 있다고 생각된다면 꼭 이 분야를 소중히 여기세요.

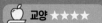 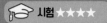
01 비금속 원소 ①

비금속 원소의 성질을 몇 차례에 걸쳐 설명합니다. 먼저 기체를 발생시키는 방법을 정리합니다.

기체를 분류해 발생 방법 이해하기

기체를 발생시키는 방법을 모두 외우는 것은 어려우므로 다음 표처럼 발생시키려는 기체를 종류별로 정리해서 생각하면 쉽게 이해할 수 있음

기체의 종류	시험에 나오는 것
① 약산	H_2S, CO_2, SO_2
② 약염기	NH_3
③ 휘발성 산	HCl
④ 기타	H_2, Cl_2, NO, NO_2, O_2, O_3, O_2, O_3

예를 들어 ①의 세 가지 기체는 모두 같은 원리로 발생시킬 수 있으므로 하나의 그룹으로 이해하는 것이 효율적임. 또한 ①~③은 발생 원리가 비슷하므로 ①을 이해하면 ②, ③도 금방 이해할 수 있음

분류에 따라 기체의 발생 방법을 이해함

약산으로 분류되는 기체를 발생시키려면 그 약산의 염과 강산을 반응시켜야 합니다. 황화수소(H_2S)를 예로 들어 그 원리를 설명하겠습니다.

황화철(II)(FeS)에 묽은 황산(H_2SO_4)을 첨가하면 H_2S를 생성할 수 있습니다. FeS는 다음과 같은 중화 반응으로 생성되는 염입니다.

$$\underset{\text{강산}}{\boxed{H_2S}} + \underset{\text{염기}}{\boxed{Fe(OH)_2}} \rightarrow FeS + 2H_2O$$

FeS의 수용액에서는 다음 반응으로 평형을 이룹니다.

$$H_2S \;\rightleftharpoons\; S^{2-} \;+\; 2H^+$$

$$Fe(OH)_2 \;\rightleftharpoons\; Fe^{2+} \;+\; 2OH^-$$

여기에 강산인 H_2SO_4를 추가하면 다음과 같은 평형이 추가됩니다(H_2SO_4는 강산이므로 평형은 오른쪽으로 크게 기울어집니다).

$$\underset{\text{강산}}{H_2SO_4} \;\rightleftharpoons\; 2H^+ \;+\; SO_4^{2-}$$

그 결과 다음 반응으로 황화수소(H_2S)가 발생합니다.

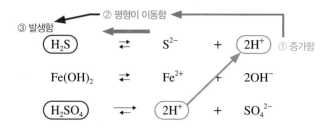

② 평형이 이동함
③ 발생함
① 증가함

앞 내용을 정리하면 다음 반응으로 약산의 염과 강산을 반응시켜 약산을 발생시킬 수 있음을 알 수 있습니다.

$$\underset{\text{약산의 염}}{FeS} \;+\; \underset{\text{강산}}{H_2SO_4} \;\rightarrow\; FeSO_4 \;+\; \underset{\text{약산}}{H_2S}$$

마찬가지로 약산으로 분류되는 CO_2와 SO_2도 같은 방식으로 발생시킬 수 있습니다. 공통점을 이해하면 암기 위주의 학습에서 벗어나 이해를 할 수 있습니다.

이산화 탄소(CO_2)의 발생 방법

$$\boxed{CaCO_3} \quad + \quad \boxed{2HCl} \quad \rightarrow \quad CaCl_2 \quad + \quad H_2O \quad + \quad \boxed{CO_2}$$

약산의 염   강산   약산

$CaCO_3$는 다음 중화 반응 때문에 생성되는 염임.

$$CO_2 \quad + \quad Ca(OH)_2 \quad \rightarrow \quad CaCO_3 \quad + \quad H_2O$$

이산화 황(SO_2)의 발생 방법

$$\boxed{Na_2SO_3} \quad + \quad \boxed{H_2SO_4} \quad \rightarrow \quad Na_2SO_4 \quad + \quad H_2O \quad + \quad \boxed{SO_2}$$

약산의 염   강산   약산

Na_2SO_3는 다음 중화 반응 때문에 생성되는 염임

$$SO_2 \quad + \quad 2NaOH \quad \rightarrow \quad Na_2SO_3 \quad + \quad H_2O$$

또한 SO_2는 다음처럼 구리(Cu)와 열농황산(H_2SO_4)을 반응시켜 기체를 발생시킬 수도 있습니다.

$$Cu \quad + \quad 2H_2SO_4 \quad \rightarrow \quad CuSO_4 \quad + \quad 2H_2O \quad + \quad \boxed{SO_2}$$

약염기로 분류되는 기체 발생 방법

약염기로 분류되는 기체(암모니아(NH_3)만 해당)를 발생시키려면 그 약염기의 염과 강염기를 반응시키면 됩니다. 약산이라면 구조는 산과 염기를 반대로 했을 뿐이므로 같은 원리로 이해할 수 있습니다.

염화 암모늄(NH_4Cl)과 $Ca(OH)_2$를 혼합해 가열하면 암모니아(NH_3)가 발생합니다. NH_4Cl은 다음 중화 반응 때문에 생성되는 염입니다.

$$\boxed{NH_3} + \boxed{HCl} \rightarrow NH_4Cl$$
약염기 　　　산

NH_4Cl의 수용액에서는 다음과 같은 평형을 이룹니다.

$$\boxed{NH_3} + H_2O \rightleftarrows NH^{4+} + OH^-$$

$$HCl \rightleftarrows H^+ + Cl^-$$

여기에 강염기인 $Ca(OH)_2$를 추가하면 다음과 같은 평형이 추가됩니다($Ca(OH)_2$는 강염기이므로 평형은 크게 오른쪽으로 기울어집니다).

$$\boxed{Ca(OH)_2} \rightleftharpoons Ca^{2+} + 2OH^-$$
약염기

그 결과 다음 반응으로 NH_3가 발생합니다.

② 평형이 이동함
③ 발생함　　　　　　　　　　① 증가함
$$\boxed{NH_3} + H_2O \rightleftarrows NH_4^+ + \boxed{OH^-}$$

$$HCl \rightleftarrows H^+ + Cl^-$$

$$\boxed{Ca(OH)_2} \rightleftharpoons Ca^{2+} + \boxed{SO_4^{2-}}$$
　　　　　　　　　　　　　　　　다량 존재

앞 내용을 정리하면 약염기의 염과 강염기를 반응시켜 약염기를 발생시킬 수 있습니다.

$$\boxed{2NH_4Cl} + \boxed{Ca(OH)_2} \rightarrow CaCl_2 + 2H_2O + \boxed{2NH_3S}$$
약염기의 염　　　　강염기　　　　　　　　　　　　　　　　약염기

휘발성 산으로 분류되는 기체의 발생 방법

휘발성 산으로 분류되는 기체(염화 수소(HCl)만)를 발생시키려면 그 산의 염과 비휘발성 산을 반응시키면 됩니다. 그 원리는 약산이나 약염기와 같은 개념으로 이해할 수 있습니다.

휘발성 산을 발생시키는 방법

염화 소듐($NaCl$)에 농황산($H2SO4$)을 넣고 가열하면 염화 수소(HCl)가 발생합니다. $NaCl$은 다음 중화 반응 때문에 생성되는 염입니다.

$$\boxed{HCl} \;+\; \boxed{NaOH} \;\rightarrow\; NaCl \;+\; H_2O$$
휘발성 산   염기

$NaCl$의 수용액에서는 다음과 같은 평형을 이룹니다.

$$\boxed{HCl} \;\rightleftarrows\; H^+ \;+\; Cl^-$$

$$NaOH \;\rightleftarrows\; Na^+ \;+\; OH^-$$

여기에 비휘발성 산인 H_2SO_4를 추가하면 다음과 같은 평형이 추가됩니다(H_2SO_4는 강산이고 비휘발성이므로 평형은 크게 오른쪽으로 기울어집니다).

$$\boxed{H_2SO_4} \;\xrightleftharpoons{}\; 2H^+ \;+\; SO_4^{2-}$$
비휘발성 산

그 결과 다음 반응으로 HCl이 발생합니다.

③ 휘발성이므로 증발함
② 평형이 이동함
① 증가함

$$\boxed{HCl} \;\rightleftarrows\; \boxed{H^+} \;+\; Cl^-$$

$$NaOH \;\rightleftarrows\; Na^+ \;+\; OH^-$$

$$\boxed{H_2SO_4} \;\xrightleftharpoons{}\; \boxed{2H^+} \;+\; SO_4^{2-}$$
비휘발성이므로 증발하지 않음

지금까지 내용을 정리하면 다음 반응으로 휘발성 산의 염과 비휘발성 산을 반응시키면 휘발성 산을 생성할 수 있습니다.

$$\underbrace{2NH_4Cl}_{\text{휘발성 산의 염}} + \underbrace{Ca(OH)_2}_{\text{비휘발성 산}} \rightarrow CaCl_2 + 2H_2O + \underbrace{2NH_3S}_{\text{휘발성 산}}$$

약산, 약염기, 휘발성 산으로 분류되는 기체도 비슷한 구조로 발생시킬 수 있습니다. 반면 기타로 분류되는 기체의 발생 방법은 쉽게 이해하기 어려우므로 다음처럼 개별적으로 이해해야 합니다.

수소(H_2)의 기체 발생 방법

H보다 이온화 경향이 큰 금속을 산에 첨가해 발생시킴

$$Zn + H_2SO_4 \rightarrow ZnSO_4 + H_2$$

염소(Cl_2)의 기체 발생 방법(두 가지)

이산화 망가니즈(IV)(MnO_2)에 농염산을 첨가해 가열함

$$MnO_2 + 4HCl \rightarrow MnCl_2 + 2H_2O + Cl_2$$

표백분($CaCl(ClO))\cdot H_2O$에 염산을 첨가함

$$CaCl(ClO)\cdot H_2O + 2HCl \rightarrow CaCl_2 + 2H_2O + Cl_2$$

BUSINESS 지구의 대기 구성

기체를 발생시키는 방법의 발견은 지구의 대기 구성을 이해하는 것으로 이어졌습니다. 지금도 자외선을 흡수하는 오존 등 지구에 중요한 기체들이 많이 존재합니다. 그 성질을 이해하려면 기체를 발생시키는 실험은 필수입니다.

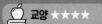
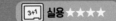

02 비금속 원소 ②

비금속 원소의 성질에 이어 기체의 성질을 정리해 설명합니다.

> **Point**
>
> ## 기체의 무게는 분자량에 따라 결정됨
>
> 각 기체의 성질도 연관지어 정리하면 이해가 쉬워짐. 먼저 공기와 비교해 무거운지 가벼운지는 다음과 같이 결정된다는 것을 이해해야 함. 분자량이 큰 기체일수록 무거운 기체임. 따라서 다음처럼 분자량에 따라 공기보다 가벼운지 무거운지 판단할 수 있음
>
> • 기체의 분자량 < 28.8(=공기의 평균 분자량): 공기보다 가벼움
> • 기체의 분자량 > 28.8(=공기의 평균 분자량): 공기보다 무거움
>
> 이는 압력과 온도가 같다면, 일정한 부피에 포함된 기체 분자의 수가 기체의 종류에 따라 다르지 않다는 아보가드로의 법칙에서 알 수 있음
>
> 참고로 공기보다 가벼운 기체는 수소(분자량 2), 메탄(분자량 16), 암모니아(분자량 17) 등 극소수이며, 대부분의 기체는 공기보다 무거움

기체의 성질은 물에 관한 용해도로 이해함

먼저 기체 중에서 CO_2, SO_2, NO_2, Cl_2, HCl, H_2S, NH_3의 7가지가 물에 잘 녹는다는 것을 이해하면 도움이 됩니다. 그러면 아래의 포집법, 수용액의 액성, 냄새에 관한 이해가 쉬워지기 때문입니다.

• 포집법으로 발생된 기체를 수집함

발생된 기체를 모으는 방법에는 수상 치환, 상방 치환, 하방 치환의 세 가지가 있는데, 이 세 가지 중 가장 기체를 모으기 쉬운 것은 수상 치환입니다(공기가 혼입되지 않기 때문). 물에 잘 녹지 않으면 수상 치환이 가능하므로 'CO_2, SO_2, NO_2, Cl_2, HCl, H_2S, NH_3 이외의 기체 → 수상 치환'이 됩니다.

물에 잘 녹는 7가지 중 공기보다 가벼운 것은 암모니아(NH_3)(분자량 17)뿐이므로 기체를 다음처럼 구분합니다.

$$NH_3 \Rightarrow \text{상방 치환} \quad CO_2, SO_2, NO_2, Cl_2, HCl, H_2S \Rightarrow \text{하방 치환}$$

• 수용액의 액성

물에 잘 녹는 기체가 물에 녹으면 수용액이 산성 또는 염기성이 됩니다. 반대로 말하면 산성 또는 염기성을 판단할 수 있는 기체는 물에 잘 녹는 7가지 기체뿐이라는 뜻입니다. 7가지 기체 중 수용액이 염기성이 되는 것은 암모니아(NH_3)뿐이므로 기체를 다음처럼 구분합니다.

$$NH_3 \Rightarrow \text{염기성} \quad CO_2, SO_2, NO_2, Cl_2, HCl, H_2S \Rightarrow \text{산성}$$

• 냄새가 나는 기체는 물에 녹기 쉬운 기체

기본적으로 냄새가 나는 기체는 물에 잘 녹는 기체입니다. 습한 코의 점막에 기체가 녹아들어 점막을 자극해 사람은 냄새를 느끼기 때문입니다. 다만 이산화 탄소는 물에 잘 녹지만 냄새가 없고, 반대로 물에 잘 녹지 않는 오존(O_3)은 예외적으로 냄새가 납니다. 다음처럼 정리할 수 있습니다.

$$SO_2, NO_2, Cl_2, HCl, NH_3, O_3 \Rightarrow \text{자극적인 냄새} \quad H_2S \Rightarrow \text{썩은 달걀 냄새}$$

• 색이 있는 기체

다음 세 가지 기체에는 독특한 색깔이 있습니다.

$$Cl_2: \text{황록색} \quad O_3: \text{미청색} \quad NO_2: \text{적갈색}$$

• 강한 독성이 있는 기체

매운 냄새가 나는 기체는 독성이 있습니다. 특히 다음 두 가지 기체는 독성이 강합니다.

$$H_2S, CO \Rightarrow \text{특히 독성이 강함}$$

또한 다음 두 기체는 표백 작용을 합니다.

$$Cl_2, SO_2 \Rightarrow \text{표백 작용}$$

03 비금속 원소 ③

비금속 원소의 성질에 반응하는 기체의 건조제도 알아두면 도움이 됩니다.

Point 기체에 따라 건조제를 구분해 사용해야 함

기체에 포함된 수분을 제거(실험으로 기체를 발생시키면 어쩔 수 없이 수분이 섞임)하려고 건조제를 사용하기도 함. 건조제에는 여러 종류가 있고, 성질도 다르므로 다음 그림처럼 구분해서 사용해야 함. 핵심은 기체 자체와 반응하지 않는 건조제를 선택하는 것임

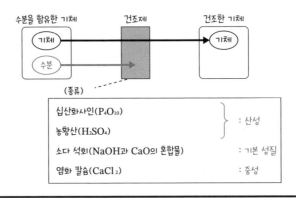

산성, 중성, 염기성의 이해가 건조제 구분에 중요함

십산화사인(P_4O_{10})이라는 건조제는 산성입니다. 따라서 염기성 기체와 반응하며, 염기성 기체를 건조하는 데 사용할 수 없습니다. 농황산(H_2SO_4)이라는 건조제 역시 산성입니다. 역시 염기성 기체의 건조에는 사용할 수 없습니다. 또한 농황산은 산화력이 강하다는 점도 주의해야 합니다. 환원력이 강한 황화수소(H_2S)와는 산화 환원 반응을 일으키므로 사용할 수 없습니다.

소다 석회는 염기성 건조제입니다. 즉, 산성 기체의 건조에는 사용할 수 없습니다.

염화 칼슘($CaCl_2$)은 중성 건조제입니다. 즉, 산성 및 염기성 기체의 건조에 사용할 수 있습니다. 그러나 암모니아(NH_3)와 반응하면 결합하므로 암모니아의 건조에는 사용할 수 없습니다.

기체를 발생시켜 성질을 조사하는 실험

기체를 발생시켜 성질을 알아보는 실험에서는 다음 그림과 같은 장치를 사용해 기체를 건조시킵니다. 여기서는 염소를 발생시킬 때를 예로 들어 설명하겠습니다.

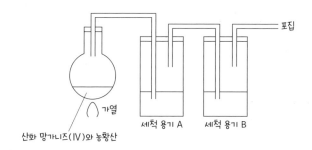

염소 기체를 발생시킬 때라면 앞 그림처럼 2단계로 건조시킵니다. 다음 그림과 같은 순서입니다.

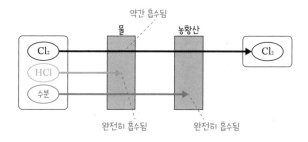

여기서 물과 농황산을 넣는 순서를 반대로 하면 다음 그림처럼 건조된 Cl_2를 포집할 수 없다는 점에 주의해야 합니다.

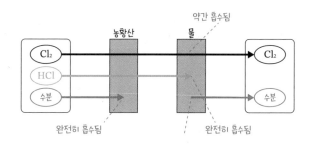

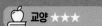 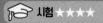
04 금속 원소 ①

먼저 금속 이온의 검출 방법을 정리합니다. 겉으로 보기에는 알 수 없는 이온의 존재를 알 수 있는 방법입니다.

> **Point**
>
> ## 금속 이온과 음이온의 조합으로 침전이 발생함
>
> 금속 이온을 검출(용액에 포함된 금속 이온의 종류를 조사)하는 방법 중 하나로 침전 생성 여부를 조사하는 방법이 있음. 특정 금속 이온(양이온)과 음이온을 조합하면 침전이 발생하므로 용액에 음이온을 첨가해 침전 발생 여부를 조사하면 용액에 존재하는 금속 이온의 종류를 알 수 있음
>
> 이 방법을 이용하려면 침전을 일으키는 금속 이온과 음이온의 조합을 알아야 함. 또한 생성되는 침전물의 색도 확인이 필요함

알칼리성 금속 이온은 침전되지 않음

침전을 생성하는 이온의 조합은 다음과 같이 정리할 수 있습니다.

- 수산화물 이온(OH^-)으로 침전: 알칼리 금속, 알칼리 토금속 이외의 금속 이온(NaOH 수용액이나 NH_3 수용액을 첨가하면 침전됨)

 일단 침전됨

> 과한 양의 NaOH 수용액을 첨가하면 용해되는 것: 양성 원소의 이온
> 과한 양의 NH_3 수용액을 첨가하면 용해되는 것: Zn^{2+}, Cu^{2+}, Ag^+

- 염화물 이온(Cl^-)으로 침전: Ag^+, Pb^{2+}(염산(HCl 수용액)을 첨가하면 침전됨)

- 탄산 이온(CO_3^{2-}) 및 황산 이온(SO_4^{2-})으로 침전: Ca^{2+}, Ba^{2+}, Pb^{2+}(탄산수나 황산을 첨가하면 침전됨)

- 크로뮴산 이온(CrO_4^{2-})으로 침전: Ba^{2+}, Pb^{2+}, Ag^+(크로뮴산 포타슘(K_2CrO_4) 수용액을 첨가하면 침전)

- 황화물 이온(S^{2-})으로 침전(황화수소(H_2S)를 불어 넣으면 침전됨)

이때 금속의 이온화 경향 및 용액의 액성에 따라 다음처럼 침전 여부가 결정됩니다.

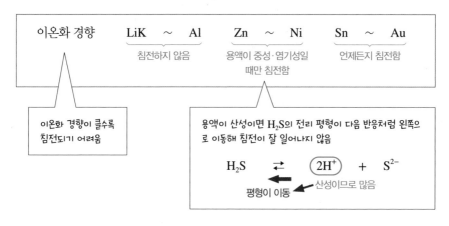

지금까지 설명한 내용이 침전을 만드는 이온의 조합입니다. 참고로 알칼리성 금속 이온은 침전을 만들지 않으므로 어디에도 등장하지 않습니다.

BUSINESS 바닷물 및 하천수의 수질 조사

바닷물이나 하천수 등에는 다양한 이온이 포함되어 있습니다. 그 함유량을 조사하는 것이 수질을 알 수 있는 방법 중 하나입니다. 이를 위한 한 가지 방법이 바로 침전 생성입니다. 이온은 청량 음료와 같은 음료, 조미료 등 요리와 관련된 것에도 포함되어 있으므로 이를 조사하는 것도 품질 검사로 이어집니다.

침전 생성 반응은 우리 주변에서 쉽게 접할 수 있는 수용액을 조사하는 데 매우 유용합니다.

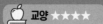

05 금속 원소 ②

금속은 합금을 만들었을 때 그 위력을 발휘하기도 합니다. 대표적인 합금의 특징을 알아봅시다.

합금은 화합물이 아닌 혼합물임

두 종류 이상의 금속을 혼합한 것을 합금이라고 함. 이는 단지 섞어 놓았을 뿐이므로 화합물이 아닌 혼합물임. 대표적인 합금에는 다음과 같은 것이 있음(여기서는 각 합금의 주성분을 나타내며, 이외의 금속이 포함될 수도 있음)

스테인레스강	Fe + Cr + Ni
두랄루민	Al + Cu + Mg
땜납	Sn(+ Pb)
청동(브론즈)	Cu + Sn
놋쇠(황동)	Cu + Zn
백동	Cu + Ni
니크로뮴	Ni + Cr

합금의 용도

구리와 주석의 합금인 청동은 녹슬지 않고 단단하다는 특징이 있습니다. 따라서 미술품, 사찰의 종, 10원짜리 동전 제작 등에 이용됩니다. 예로부터 인류는 합금을 활용하는 지혜가 있었습니다.

놋쇠는 구리와 아연의 합금입니다. 늘리거나 구부리는 등 가공하기가 쉬워 악기(브라스), 불상, 5원짜리 동전 제작에 활용됩니다.

철에 크로뮴이나 니켈을 첨가한 것이 스테인리스강입니다. 이를 첨가하면 녹이 잘 슬지 않습니다. 이는 크로뮴이 산화막을 형성하기 때문인 것으로 추정됩니다.

알루미늄에 구리나 마그네슘을 첨가하면 가볍고 튼튼한 두랄루민이 됩니다. 가공하기 쉽다는 것도 특징 중 하나입니다. 대표적인 용도는 항공기 기체 제작입니다.

땜납은 기존에는 주석과 납의 합금을 사용했습니다. 하지만 납이 인체에 유해하다는 지적이 제기되면서 최근에는 무연 땜납이 주류입니다. 이는 주석을 주성분으로 해 구리, 은, 니켈 등을 첨가한 것입니다.

전기 저항이 큰 니크로뮴선은 전류를 흘렸을 때 발열량이 커서 건조기 등의 전열선으로 활용됩니다. 니켈과 크로뮴의 합금이므로 니크로뮴인 것입니다.

🖥 BUSINESS 형상 기억 합금에 사용되는 금속

바꾸기 전의 모양을 기억하는 형상 기억 합금도 합금의 하나입니다. 모양이 바뀌어도 가열 또는 냉각을 통해 원래의 모양으로 되돌아갑니다. 형상 기억 합금 제작에는 다양한 원소, 예를 들어 니켈과 타이타늄의 합금(니켈 타이타늄) 등이 형상 기억 합금의 원료로 활용됩니다. 또한 밥솥의 압력 조절구, 속옷의 와이어, 안경테, 인공위성의 안테나 장치 제작 등에 활용됩니다.

수소 저장 합금도 활용합니다. 저온에서 수소를 흡수하고 온도가 올라가면 수소를 방출합니다. 수소 저장 합금은 니켈 수소 전지 제작에 활용되며, 니켈 수소 전지는 디지털카메라, 전기 자전거 등에 사용합니다. 탈탄소 사회가 되는 데는 수소의 활용이 중요하다고 생각합니다. 앞으로 수소 저장 합금의 연구가 더욱 활발히 진행될 것입니다.

06 금속 원소 ③

칼슘은 단일 원소로는 우리 주변에서 쉽게 볼 수 없지만, 화합물은 다양한 분야에서 활용됩니다. 그 변화와 특징을 정리합니다.

! Point

칼슘은 다양한 화합물을 만듦

칼슘의 화합물에는 다음과 같은 것이 있음. 다음 그림은 이들이 어떤 변화를 통해 생성되는지 정리한 것임

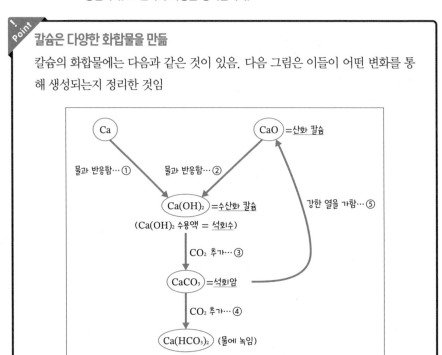

칼슘의 화합물 변화 구조

Point에서 정리한 ①~⑤의 변화는 다음과 같이 발생합니다.

①에서는 단일 칼슘(Ca) 원소가 알칼리 금속과 마찬가지로 물에 녹아 수소를 발생시킵니다.

$$Ca + 2H_2O \rightarrow Ca(OH)_2 + H_2$$

②에서는 산화 칼슘(CaO)에 물을 넣으면 다량의 열을 발생시켜 수산화 칼슘($Ca(OH)_2$)으로 변합니다.

$$CaO + H_2O \rightarrow Ca(OH)_2$$

③과 ④에서는 수산화 칼슘($Ca(OH)_2$)의 수용액을 석회수라고 합니다. 여기에 이산화 탄소(CO_2)를 첨가하면 탄산 칼슘(석회암, $CaCO_3$)이 침전되어 석회수가 흰색으로 변합니다.

$$Ca(OH)_2 + CO_2 \rightarrow CaCO_3 + H_2O$$

이후에도 CO_2를 계속 추가하면 $CaCO_3$이 탄산수소 칼슘($Ca(HCO_3)_2$)으로 변하면서 흰색의 탁함이 사라집니다.

$$CaCO_3 + CO_2 + H_2O \rightleftarrows Ca(HCO_3)_2$$

⑤에서는 $CaCO_3$에 강한 열을 가하면 CO_2를 발생시켜 산화 칼슘(CaO)으로 변합니다.

$$CaCO_3 \rightarrow CaO + CO_2$$

BUSINESS 끈을 당기면 따뜻해지는 도시락의 원리

산화 칼슘(CaO)이 물과 반응할 때 다량의 열이 발생합니다. 이 반응을 이용해 먹기 직전에 따뜻하게 데워지는 도시락이 있습니다. 도시락 상자 바닥에 산화 칼슘과 물을 칸막이로 구분해 넣습니다. 그리고 도시락을 먹기 전 끈을 당기면 산화 칼슘과 물이 섞이면서 열이 발생합니다.

칼슘의 화합물로는 황산 칼슘도 있습니다. 물을 함유한 황산 칼슘은 석고라고도 하며 석고상, 건축 자재 제작 등에 이용됩니다. 칼슘을 함유하는 것은 뼈나 우유뿐만이 아닌 것입니다.

07 화학 물질의 보존 방법

화학 물질을 생성하는 곳에서는 화학 물질의 엄격한 관리가 필수적입니다. 위험을 피하면서 화학 물질에 변화가 일어나지 않도록 하는 것도 필요합니다.

Point 화학 물질의 특성에 따른 보존이 필요함

화학 물질의 보존 방법은 다음처럼 정리할 수 있음

약품의 종류	보존 방법
황인	물속에 보관
알칼리성 금속	석유에 보관
플루오르화 수소산(HF 수용액)	폴리에틸렌 용기에 보관
수산화 소듐, 수산화 소듐 수용액	폴리에틸렌 용기에 보관
농질산, 은 화합물(AgNO₃, AgCl 등)	갈색 유리병에 보관
브로민	앰플 안에 보관

약품 보존 방법의 이유

황인(yellow phosphorous)은 성냥갑의 사포면 등에 이용되는 적인(red phosphorous)의 동소체입니다. 적인은 안전하지만 황인은 공기 중에서 자연 발화하며, 맹독성이 있는 무서운 물질입니다. 황인은 공기 중 자연 발화를 피해야 하므로 물속에 보관해야 합니다.

리튬, 소듐, 포타슘과 같은 알칼리성 금속은 반응성이 매우 큰 금속입니다. 따라서 공기 중의 산소와 반응해 빠르게 녹슬고, 공기 중의 수증기와도 반응해 녹아내립니다. 알칼리성 금속은 이러한 반응을 피하려고 석유(등유 등) 속에 보관합니다.

플루오르화 수소(HF)의 수용액을 플루오르화 수소산이라고 합니다. 플루오르화 수소산은 유리를 부식시킵니다. 따라서 유리 용기에 보관할 수 없습니다. 그래서 폴리에틸렌이라는 플라스틱 용기에 보관합니다. 폴리에틸렌은 플루오르화 수소산 때문에 부식되지 않습니다. 수산화 소듐(고체)이나 수산화 소듐 수용액도 마찬가지로 유리를 부식시킵니다. 따라서 폴리에틸렌 용기에 보관합니다.

농질산(액체)이나 AgNO$_3$, AgCl과 같은 은 화합물(고체)은 빛이 닿으면 분해 반응을 일으킵니다. 따라서 빛을 차단할 수 있는 갈색 유리병에 보관합니다. 브로민(상온에서 액체)은 휘발하기 매우 쉬운 특성이 있습니다. 따라서 앰플이라는 밀폐성이 높은 유리 용기에 담아 보관합니다.

수산화 소듐은 공기 중의 수분을 흡수하는 성질인 흡습 용해가 있습니다. 수분을 흡수한 수산화 소듐은 끈적끈적해집니다. 또한 공기 중의 이산화 탄소와도 반응합니다. 이러한 특성 때문에 수산화 소듐은 밀폐성이 높은 폴리에틸렌 용기에 보관합니다. 단, 수산화 소듐 수용액은 유리와 반응한다고 해도 그 반응 속도가 느리므로 유리병에 보관할 수도 있습니다. 이때 유리 마개를 사용하면 접합부가 부식되어 마개가 빠지지 않을 수 있으므로 고무 마개나 실리콘 고무 마개를 사용합니다.

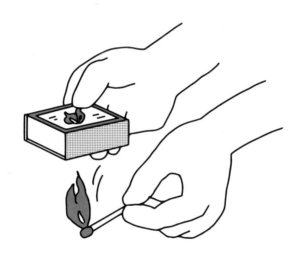

 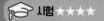
08 무기 공업 화학 ①

공장에서 실제로 이용되는 화학을 공업 화학이라고 합니다. 원료를 싸게 하고, 반응 속도를 높이고, 생성물의 수율을 높이려는 노력이 이뤄집니다.

Point 1. 고온, 고압으로 암모니아를 대량으로 생성함

하버-보슈법(Harber-Bosch process)

암모니아(NH_3)는 하버-보슈법으로 다음처럼 제조됨

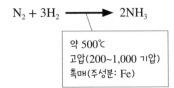

$$N_2 + 3H_2 \longrightarrow 2NH_3$$

약 500℃
고압(200~1,000 기압)
촉매(주성분: Fe)

질소와 수소로부터 암모니아가 생성되는 반응

질소(N_2)와 수소(H_2)에서 암모니아(NH_3)가 생성되는 반응은 '$N_2 + 3H_2 \rightleftarrows 2NH_3 + 92kJ$'라는 평형 상태가 됨. 암모니아의 수율을 높이려면 평형을 오른쪽으로 이동시키면 되는데, 이를 위해서는 다음 과정이 필요함

- 저온으로 함(→ 발열 반응이 진행되므로 평형이 오른쪽으로 이동)
- 고압으로 함(→ 분자의 수를 줄이려고 평형이 오른쪽으로 이동)

하지만 저온으로 만들면 반응 속도가 느려진다는 문제가 있음. 따라서 어느 정도의 고온(약 500℃)으로 가열하고, Fe를 주성분으로 하는 촉매를 추가해 반응 속도를 빠르게 함

연기가 날 정도로 농황산을 만든 후 희석함

암모니아에 이어 황산(H_2SO_4)의 제조 방법을 소개합니다(암모니아에 이어 황산을 소개한 이유는 Business를 참고하세요). 황산은 산업적으로 접촉법이라는 방법으로 제조됩니다.

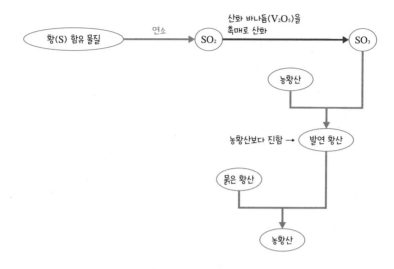

삼산화 황(SO_3)을 가장 잘 흡수하는 것은 **농황산**입니다. 따라서 이를 농황산으로 흡수하게 합니다(발연 황산). 하지만 이 과정만으로는 황산의 농도가 너무 진합니다. 그래서 희석된 황산을 넣는 것입니다. 이렇게 농도를 조절하면서 농황산을 제조합니다.

📟 BUSINESS 비료에 사용하는 중요한 성분

세계 인구가 계속 증가하면서 식량 확보는 인류 공통의 과제가 되었습니다. 한정된 땅에서 식량 생산량을 늘리려면 비료가 필수적입니다.

비료에 사용되는 중요한 성분으로 **황산 암모늄($(NH_4)_2SO_4$)**이 있습니다. 황산 암모늄은 암모니아와 황산을 반응시켜 만들어집니다. 암모니아와 황산은 비료가 되는 황산 암모늄의 제조에 꼭 필요한 원료인 것입니다. 암모니아나 황산을 산업적으로 제조할 수 있게 되면서 세계 인구 증가에 큰 도움이 되었습니다.

09 무기 공업 화학 ②

수산화 소듐의 제조 방법을 소개합니다. 역시 우리 주변에서 흔히 볼 수 있는 중요한 물질입니다.

Point 소듐은 흔한 원료에서 생성됨

양이온 교환막법

수산화 소듐($NaOH$)을 만드는 데 필요한 원료는 염화 소듐($NaCl$)과 물(H_2O)뿐임. 다음 그림처럼 장치를 고안해 전기 분해를 더하면 $NaOH$ 수용액을 얻음. 이를 양이온 교환막법이라고 함

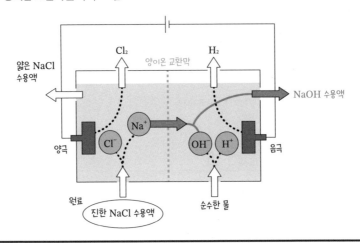

특정 이온만 교환하는 막

수산화 소듐의 제조 방법에서는 양이온 교환막이라는 막을 사용합니다. 이 막은 양이온만 통과시키고 음이온은 통과시키지 않는 특징이 있습니다. 왜 이것이 필요할까요?

$NaOH$는 Point에 있는 그림의 오른쪽에서 공급됩니다. 장치 안에는 염화물 이온(Cl^-)도 존재하며, 그림의 왼쪽에서 배출됩니다. 염화물 이온이 오른쪽에 섞이면 순수한 수산화 소듐이 될 수 없기 때문입니다. 염화물 이온은 음이온입니다. 장치 중앙에 양이온 교환막을 두어 이것이 왼쪽에서 오른쪽으로 이동하는 것을 막는 것입니다. 반대로 소듐 이온은 오

른쪽으로 통과해야 합니다. 양이온 교환막은 양이온인 소듐 이온은 통과시키는 것입니다. 이 제조 방법에서 각 전극에서 일어나는 반응은 다음과 같습니다.

양극에서 일어나는 반응: $2Cl^- \rightarrow Cl_2 + 2e^-$

$$\Downarrow$$

음극에서 일어나는 반응: $2H^+ + 2e^- \rightarrow H_2$

여기서 NaCl 수용액을 전기 분해하면 Point에 있는 그림과 같은 장치를 사용하지 않아도 이 반응이 일어납니다. 하지만 그림처럼 양이온 교환막으로 분리하지 않으면 발생하는 NaOH(염기성)과 Cl_2(산성) 사이에 반응이 일어나서 순수한 NaOH 수용액을 얻을 수 없습니다.

BUSINESS 비누를 제조할 때 필요한 원료

비누를 제조할 때 원료가 되는 것은 수산화 소듐입니다. 현대 생활에서 비누는 우리 삶을 지탱하는 데 빼놓을 수 없는 존재입니다. 또한 수산화 소듐은 제지 산업과 섬유 산업, 소다석회를 원료로 한 건조제 제작에도 이용됩니다.

수산화 소듐은 과학 실험에서나 본 적이 있는 물질이라고 생각하는 사람이 많을 것이지만 매우 유용한 물질입니다. 화학 반응을 이용해 여러 가지로 변화시키면 사용 방법이 매우 다양해집니다.

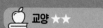 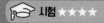
10 무기 공업 화학 ③

탄산 소듐의 제조법을 설명합니다. 소듐의 화합물이며 수산화 소듐과 함께 활용되는 물질입니다.

Point 탄산 소듐은 솔베이 공정으로 만들어짐

탄산 소듐(Na_2CO_3)은 산업적으로 다음 그림과 같은 솔베이 공정(암모니아 소다법)이라는 방법으로 제조됨

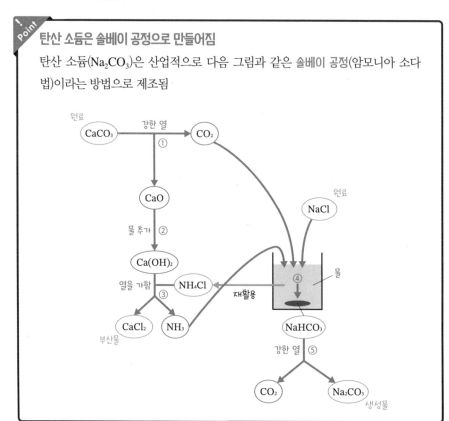

막대한 부를 얻은 솔베이

Point에서 언급한 솔베이 공정의 ①~⑤에서는 각각 다음 반응이 일어납니다.

① $CaCO_3 \rightarrow CaO + CO_2$

② $CaO + H_2O \rightarrow Ca(OH)_2$

③ $Ca(OH)_2 + 2NH_4Cl \rightarrow CaCl_2 + 2NH_3 + 2H_2O$

④ $NaCl + NH_3 + CO_2 + H_2O \rightarrow NaHCO_3 + NH_4Cl$

⑤ $2NaHCO_3 \rightarrow Na_2CO_3 + CO_2 + H_2O$

이를 하나로 정리하면 '$CaCO_3 + 2NaCl \rightarrow Na_2CO_3 + CaCl_2$'로 표현할 수 있습니다. 여기서 $CaCO_3$와 $NaCl$이 원료고, 생성물 Na_2CO_3와 함께 부산물인 $CaCl_2$가 생성됨을 알 수 있습니다.

이를 보면 $CaCO_3$와 $NaCl$을 직접 반응시켜 탄산 소듐을 제조할 수 있을 것 같습니다. 그런데 왜 ①~⑤와 같은 우회적인 방법을 선택하는 것일까요? 사실 $CaCO_3$는 물에 잘 녹지 않는 물질이므로 수용액에서 금방 침전됩니다. 따라서 수용액을 만들어서 반응시킬 수 없습니다. 이런 현상을 피하려고 고안된 것이 바로 '솔베이 공정'입니다. 이는 1866년 벨기에의 에르네스트 솔베이가 산업화에 성공한 방법입니다. 그는 이 발명으로 엄청난 부를 얻었다고 합니다.

📁 BUSINESS 위장약으로의 활용

탄산 소듐은 유리 제조의 원료로 없어서는 안 될 물질입니다. 또한 석류 제조에도 이용합니다.

또한 탄산 소듐의 제조 과정에서 발생하는 탄산 수소 소듐은 베이킹파우더와 입욕제로 활용됩니다. 베이킹파우더로 활용된다는 것은 중학교 때 벌집 사탕 만들기 등의 실험에서 배운 분도 많을 것입니다. 위산 분비를 억제하는 제산제(위장약)로도 이용됩니다.

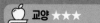 

11 무기 공업 화학 ④

사람이 사용하는 대표적인 금속인 철, 알루미늄, 구리와 같은 단일 물질 금속의 제조 방법을 소개합니다. 먼저 알루미늄의 제조 방법을 정리해 보겠습니다.

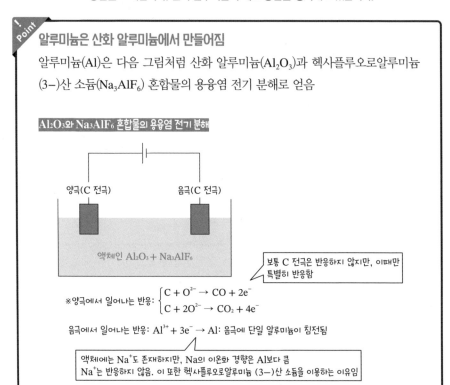

Point

알루미늄은 산화 알루미늄에서 만들어짐

알루미늄(Al)은 다음 그림처럼 산화 알루미늄(Al_2O_3)과 헥사플루오로알루미늄 (3−)산 소듐(Na_3AlF_6) 혼합물의 용융염 전기 분해로 얻음

Al_2O_3와 Na_3AlF_6 혼합물의 용융염 전기 분해

양극(C 전극)   음극(C 전극)

액체인 $Al_2O_3 + Na_3AlF_6$

> 보통 C 전극은 반응하지 않지만, 이때만 특별히 반응함

※양극에서 일어나는 반응: $\begin{cases} C + O^{2-} \rightarrow CO + 2e^- \\ C + 2O^{2-} \rightarrow CO_2 + 4e^- \end{cases}$

음극에서 일어나는 반응: $Al^{3+} + 3e^- \rightarrow Al$: 음극에 단일 알루미늄이 침전됨

> 액체에는 Na^+도 존재하지만, Na의 이온화 경향은 Al보다 큼
> Na^+는 반응하지 않음. 이 또한 헥사플루오로알루미늄 (3−)산 소듐을 이용하는 이유임

수용액의 전기 분해로 알루미늄을 제조할 수 없는 이유

알루미늄(Al)은 수소(H)보다 이온화 경향이 큰 금속입니다. 따라서 알루미늄 이온(Al^{3+})이 포함된 수용액을 전기 분해해도 단독으로 Al을 얻을 수 없습니다. 대신 수소가 발생합니다. 이는 소듐(Na)의 제조 방법에서도 마찬가지입니다. 소듐은 다음처럼 염화 소듐을 용융염 전기 분해하여 제조합니다.

• NaCl의 용융염 전기 분해

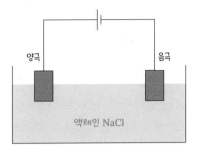

양극 음극

액체인 NaCl

※ 양극에서 일어나는 반응: $2Cl^- \rightarrow Cl_2 + 2e^-$

음극에서 일어나는 반응: $Na^+ + e^- \rightarrow Na$: 음극에 단일 소듐이 침전됨

※ NaCl의 녹는점은 약 800℃이므로 해당 온도까지 가열해 녹여야 함

고체인 염화 소듐을 가열해 녹인 후 전기 분해하는 것이 용융염 전기 분해입니다.

Al을 단일 물질로 얻을 때는 보크사이트(철반석)의 주성분인 산화 알루미늄(Al_2O_3)을 녹는점까지 가열해 액체로 만든 후 전기 분해합니다. 하지만 Al_2O_3의 융점은 약 2000℃로 매우 높아(NaCl의 융점은 약 800℃) 이 온도까지 가열하는 것은 매우 어렵습니다. 그래서 Al_2O_3을 다량의 헥사플루오로알루미늄 (3-)산 소듐(빙정석, Na_3AlF_6)과 혼합하면 1000℃ 이하에서 녹게 되는 것을 이용해 이 혼합물을 용융염 전기 분해하여 Al을 단일 물질로 제조합니다.

🖥 BUSINESS 항공기나 자동차의 경량화에 필수 금속

알루미늄은 철이나 구리보다 가볍다는 특징이 있습니다. 따라서 항공기나 자동차의 경량화에 꼭 필요한 금속입니다. 알루미늄의 제조 방법에는 많은 에너지가 소모됩니다. 그래서 알루미늄을 '전기의 통조림'이라고도 합니다.

재활용을 통해 알루미늄을 재생산하면 용융염 전기 분해보다 훨씬 적은 에너지로 같은 양의 알루미늄을 생산할 수 있습니다. 알루미늄의 재활용은 특히 경제적 효과가 높습니다.

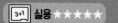
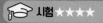
12 무기 공업 화학 ⑤

단일 물질 철의 제조 방법을 소개합니다. 철은 가장 많이 사용되는 금속입니다.

Point 철광석을 환원해 철을 얻음

철광석의 주성분은 산화철임. 이를 일산화 탄소(CO)로 환원하면 철을 만들 수 있음. 하지만 이렇게 만든 철에는 탄소(C)가 많이 들어감. 그대로 두면 단단하지만 부서지기 쉬운 성질을 갖는 철이 되므로 산소를 이용해 철에서 탄소를 제거해야 함

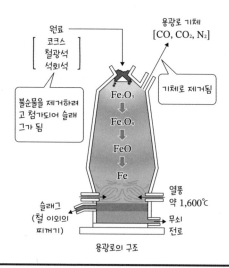

원료
[코크스
  철광석
  석회석]

불순물을 제거하려고 첨가되어 슬래그가 됨

Fe_2O_3
↓
Fe_3O_4
↓
FeO
↓
Fe

용광로 기체
[CO, CO_2, N_2]

기체로 제거됨

열풍
약 1,600℃

슬래그
(철 이외의 찌꺼기)

무쇠
전로

용광로의 구조

제철소에서 하는 일

단일 물질 철(Fe)을 제조하는 원료는 철광석입니다. 철광석에는 적철광(Fe_2O_3), 자철광(Fe_3O_4) 등 다양한 종류가 있습니다. 하지만 모두 Fe가 산화되었다는 공통점이 있습니다. 따라서 철광석을 환원시켜야만 단일 물질 Fe를 얻을 수 있습니다.

철광석을 코크스(순수한 탄소)와 함께 용광로에 넣고 약 1600℃의 열풍을 불어 넣으면 철광석 속의 Fe이 환원됩니다. 그 후의 작업과 개요를 정리하면 다음과 같습니다.

• 철광석 환원

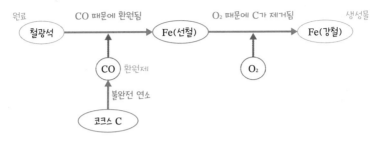

철광석이 CO를 이용해 환원되는 반응은 다음처럼 나타낼 수 있습니다.

$$Fe_2O_3 + 3CO \rightarrow 2Fe + 3CO_2$$

제철 과정에서 온실 기체인 이산화 탄소가 배출됨을 알 수 있습니다. 그러나 이 단계에서 생성되는 철은 선철이라고 하며, 탄소 C를 약 4% 정도 함유한 철입니다. 이 철은 단단하지만 쉽게 부서지므로 C를 제거하지 않으면 사용할 수 없습니다. 따라서 산소를 이용해 탄소를 제거한 강철(C가 2% 이하)을 만드는 것입니다.

[BUSINESS] 철은 금속의 왕

철을 나타내는 옛날 한자 중에 '鐵'이라는 글자가 있습니다. 이는 철이 '금보다 더 귀하다'는 뜻입니다. 철은 모든 금속 중에서 사람이 오래전부터 지금까지 가장 많이 사용해 온 금속입니다. 그야말로 금속의 왕이라 할 수 있습니다. 현재도 자동차, 건축 자재 등 철의 용도는 무궁무진합니다.

 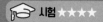
13 무기 공업 화학 ⑥

단일 물질 구리의 제조 방법을 소개합니다. 구리도 사람들의 삶을 지탱하는 중요한 금속입니다.

Point! 구리는 전해 정제를 거쳐 사용됨

금속에서 불순물을 제거하는 작업을 정제라고 함. 순수한 구리는 전기 분해로 정제하는 전해 정제를 거쳐 만들어짐

구리의 전해 정제

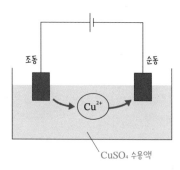

CuSO₄ 수용액

앞 그림처럼 황산 구리(II)(CuSO₄) 수용액을 전기 분해할 때, 조동을 양극의 극판, 순동을 음극의 극판으로 삼으면 다음은 반응이 진행되어 조동은 감소하고 순동은 증가함

양극: $Cu \rightarrow Cu^{2+} + 2e^-$

음극: $Cu^{2+} + +2e^- \rightarrow Cu$

조동의 불순물은 어디로 가는가?

단일 물질 구리 Cu는 황동광($CuFeS_2$)에 공기를 불어넣어 가열해 얻습니다. 이때 Cu에는 많은 불순물이 포함되어 있습니다. 이를 조동(정제하지 않은 구리)이라고 합니다. 이 조동을 불순물이 없는 순동(순수한 구리)으로 만들려는 것이 전해 정제입니다. 이때 불순물은 어디로 갈까요? 구리보다 이온화 경향이 작은 금속과 큰 금속으로 나눠 생각해 봅시다.

• Cu보다 이온화 경향이 작은 금속(Au, Ag 등)

Cu보다 이온화 경향이 작으므로 이온화되지 않고 양극 부근에 침전됩니다(이 침전을 양극니라고 합니다).

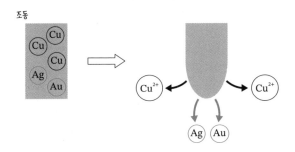

• Cu보다 이온화 경향이 큰 금속(Fe, Ni 등)

이온화되어 용액에 녹아 나오지만, Cu보다 이온화 경향이 크므로 환원되지 않고 용액에 남아 있습니다.

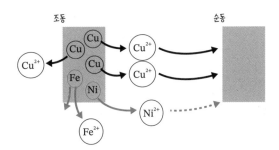

Pb는 Pb^{2+}가 되면 바로 용액 안 황산 이온 SO_4^{2-}와 결합해 침전됩니다.

BUSINESS 전선의 재료

구리는 전 세계에 깔려 있는 전선의 재료로 활용합니다. 전기가 잘 통하고 비교적 저렴하게 제조할 수 있기 때문입니다. 또한 구리는 여러 금속과 섞어 합금으로 활용할 때가 많은 금속입니다(05 참고).

Column

유독성 기체의 이용

화학에 관심이 있다면 유독성 기체를 알아둘 필요가 있습니다. 예를 들어 염소는 수영장 등의 소독에도 사용되지만, 독성이 있으므로 과용은 금물입니다. 실제로 제1차 세계대전 당시 독일군이 프랑스군을 향해 염소 기체를 살포해 5,000명의 사망자가 발생하기도 했습니다.

상공 수십 km 상공의 성층권에 모여 있는 오존에도 독성이 있습니다(예를 들어 복사기에서 배출됩니다). 물론 오존은 살균 작용이 있으므로 공기 정화에 사용되기도 합니다.

미래의 에너지원으로 기대되는 메테인 하이드레이트

메테인 하이드레이트는 물 분자가 만들어 내는 고리 모양의 구조 안에 메테인 분자가 둘러싸인 고체 물질입니다. 겉모습은 얼음이나 드라이아이스와 비슷하지만, 점화하면 메테인이 연소되고 물만 남습니다.

혹은 메테인을 추출해 활용할 수도 있습니다. 메테인은 다른 탄화수소와 비교했을 때 탄소 함량이 낮습니다. 따라서 연소할 때 이산화 탄소 배출량이 적고, 온난화에 미치는 영향도 상대적으로 적다고 볼 수 있습니다.

메테인 하이드레이트는 저온, 고압의 조건에서 발생합니다. 따라서 깊은 바닷물의 땅 아래나 극지방의 영구 동토 등에 다량으로 존재합니다. 동해의 바닷물 땅 아래에도 많이 존재해서 미래의 에너지 자원으로 기대됩니다.

Introduction

유기 화합물이란 탄소를 중심으로 구성된 물질

유기 화합물은 원래 생물의 몸을 구성하는 물질을 의미했습니다. 현재는 인위적으로 생성되는 물질까지 포함해 탄소를 포함하는 화합물을 유기 화합물이라고 정의합니다. 이 장에서는 유기 화합물에 속하는 물질들을 정리하고 복습합니다. 유기 화학도 5장에서 배운 화학 이론이 바탕이 된다는 점에 유의해야 합니다. 화학 이론을 이해하지 않으면 유기 화학 분야 역시 방대한 암기 학습이 될 뿐입니다.

유기 화합물은 탄소를 중심으로 구성된 물질입니다. 이를 태우면 공기 중의 산소와 탄소가 결합해 이산화 탄소가 발생합니다. 사실 이산화 탄소가 지구 온난화를 초래하고 있습니다. 지구 온난화의 원인이 화석 연료의 대량 소비 때문에 발생한 공기 중 이산화 탄소 증가라는 것은 의심할 여지가 없는 사실입니다.

그럼 석탄, 석유, 천연가스 등을 화석 연료라고 하는데, 왜 이것이 '화석'일까요? 사실 모든 화석 연료는 과거 생물이 만들어낸 것입니다. 식물이나 동물의 유골이 땅속에 묻혀 오랜 세월 동안 변성되어 만들어진 것이 석탄이나 석유입니다. 그런 의미에서 '화석'인 것입니다. 식물이나 동물의 몸을 구성하는 것이 유기 화합물이고 그 중심 원소는 탄소입니다. 그렇다면 화석 연료의 중심 원소도 탄소입니다. 그리고 그 소비(연소) 때문에 이산화 탄소가 배출되는 것은 당연한 일입니다.

유기 화합물의 이해는 먼저 분류부터 시작합니다. 유기 화합물은 셀 수 없을 정도로 많습니다. 이 방대한 종류의 물질을 정리하고 이해하려면 분류가 필수입니다. 이 장의 처음에는 분류를 설명합니다. 이 장의 후반부에서 물질이 많이 등장해 혼란스러우면 분류 부분으로 돌아가 보세요. 의외로 명쾌하게 이해할 수 있는 부분이 많음을 알 것입니다.

우리 몸은 유기 화합물로 이루어져 있습니다. 유기 화합물의 이해는 생명 자체의 이해로 이어집니다.

의약품, 염료, 섬유, 플라스틱 등 유기 화합물을 기반으로 합성되는 것들은 일일이 열거할 수 없을 정도로 많습니다. 합성 화학에는 유기 화합물을 꼭 이해해야 합니다.

시험에서 높은 배점의 문제가 나오는 분야입니다. 이론 화학과 함께 출제될 때가 많습니다. 암기를 한다고 해서 풀 수 있는 것이 아닙니다.

이론 화학을 아직 명확하게 이해하지 못했다면, 이론 화학을 공부하는 것도 빼놓을 수 없습니다. 이론 화학의 지식이 없으면 유기 화학을 이해하기가 어렵기 때문입니다. 이론 화학과 유기 화학의 이해는 자동차의 양 바퀴와 같은 관계입니다. 둘 다 중요하게 학습해야 합니다. 단, 순서는 이론 화학을 이해한 후 유기 화학을 학습하는 것이 효과적입니다.

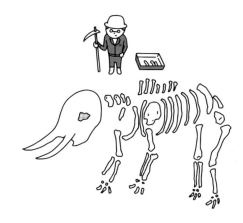

01 유기 화합물의 분류 및 분석

탄소를 골격으로 하는 화합물인 '유기 화합물'을 설명합니다. 생명을 구성하는 것도 유기 화합물입니다.

Point! 유기 화합물의 중심은 탄화수소

유기 화합물은 C, H, O, N 등의 원자가 주성분임. 먼저 그중 가장 단순한 C와 H만을 성분으로 하는 '탄화수소'의 핵심을 정리함

고리형 구조와 사슬형 구조

- 고리형 구조: 원자가 결합을 반복하며 닫힌 형태(한 바퀴 돌고 다시 돌아가는 형태)로 되어 있는 것
- 사슬형 구조: 열린 형태(고리형 구조가 없는 것)

탄화수소의 분류(방향족 제외)

$$
\text{사슬형 구조}
\begin{cases}
\text{알케인: 단일 결합만 있는 것} \\
\text{알켄: 이중 결합을 1개만 갖는 것} \\
\text{알카인: 삼중 결합을 1개만 갖는 것}
\end{cases}
$$

$$
\text{고리형 구조}
\begin{cases}
\text{사이클로 알케인: 고리형 구조의 알케인} \\
\text{사이클로 알켄: 고리형 구조의 알켄}
\end{cases}
$$

일반식(=탄소 원자 수가 n일 때의 화학식)

$$
\text{사슬형 구조}
\begin{cases}
\text{알케인: } C_nH_{2n+2} \\
\text{알켄: } C_nH_{2n} \\
\text{알카인: } C_nH_{2n-2}
\end{cases}
$$

$$
\text{고리형 구조}
\begin{cases}
\text{사이클로 알케인: } C_nH_{2n} \\
\text{사이클로 알켄: } C_nH_{2n-2}
\end{cases}
$$

탄화수소 화학식은 외우지 말고 이해해야 함

Point에서 소개한 각 탄화수소를 왜 그런 화학식으로 표현할 수 있는지 설명합니다. 먼저 사슬형 구조(고리형 구조가 존재하지 않기 때문)를 살펴보겠습니다. 단일 결합만 있는 알케인에서 이중 결합을 1개 포함하는 알켄, 삼중 결합을 1개 포함하는 알카인으로 변화할 때의 상태는 다음 그림처럼 이해합니다.

• **알케인**

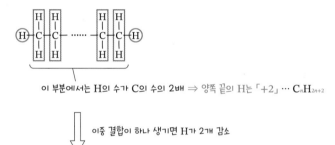

이 부분에서는 H의 수가 C의 수의 2배 $\Rightarrow$ 양쪽 끝의 H는 「+2」 $\cdots$ C_nH_{2n+2}

이중 결합이 하나 생기면 H가 2개 감소

• **알켄**

H가 2개 감소 $\cdots$ $C_nH_{2n+2-2} = C_nH_{2n}$

이중 결합이 삼중 결합이 되면 H가 2개 더 감소

• **알카인**

H가 2개 더 감소 $\cdots$ C_nH_{2n-2}

그렇다면 고리형 구조를 포함하는 것은 어떨까요? 알케인과 알켄으로 나누어 각각 생각해 봅시다.

알케인일 때

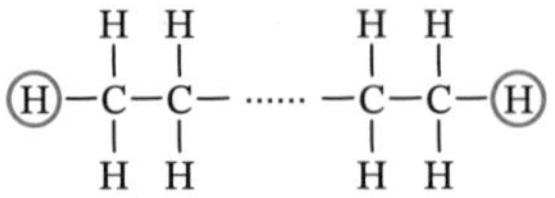

$$H{\overbrace{H}}$$

알케인일 때

$$\overset{H\ \ H}{\underset{H\ \ H}{-C-C-}}\cdots\cdots\overset{H\ \ H}{\underset{H\ \ H}{-C-C-}} \qquad C_nH_{2n+2}$$

고리 형태가 되면 H가 2개 감소

사이클로 알케인일 때

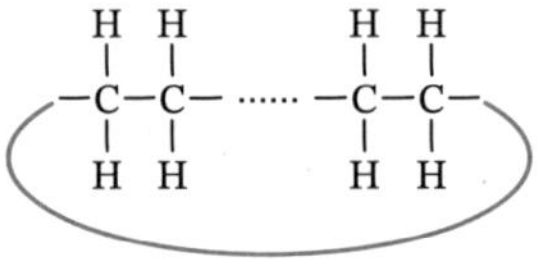

양쪽 끝의 H가 2개 감소 ··· $C_nH_{2n+2-2} = C_nH_{2n}$

알켄일 때

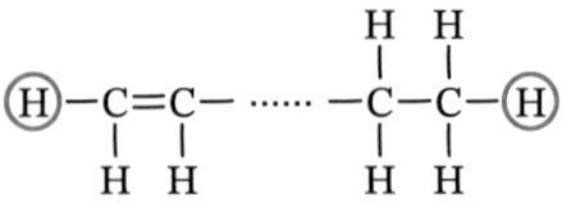

$$\overset{}{\underset{H}{-C}}=\overset{H\ \ H}{\underset{H\ \ H}{C-\cdots\cdots-C-C-}} \qquad C_nH_{2n}$$

고리 형태가 되면 H가 2개 감소

사이클로 알켄일 때

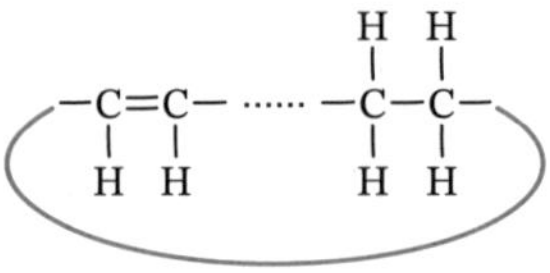

양쪽 끝의 H가 2개 감소 ··· C_nH_{2n-2}

사슬형 구조란 탄소 원자의 결합에 끝점이 있는 구조를 말합니다. 이것이 마치 사슬을 닮았다고 해서 사슬형 구조라고 합니다. 탄소가 다른 원자와 결합해야 한다고 집착하면 탄소의 구조식에 있는 선이 하나도 남지 않고 수소 원자가 결합된 상태가 됩니다. 수소 원자가 결합된 부분이 끝점입니다. 사슬형 구조의 화합물에는 최소 2곳의 끝점이 있어야 합니다.

반대로 탄소 원자의 결합에 끝점이 없이 순환하는 구조의 화합물도 있습니다. 이를 고리형 구조라고 합니다. 마치 지하철 2호선과 같은 구조입니다. 사슬형 화합물의 끝점 2곳에서 각각 수소 원자를 떼어내면 탄소 원자 구조식에서 자유로운 선이 2개가 생깁니다. 이선 2개를 연결하면 고리식 구조가 되는 것입니다.

• **사슬식 구조의 개념**

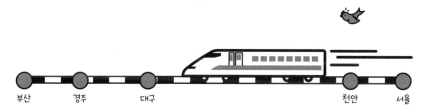

• **고리식 구조의 개념**

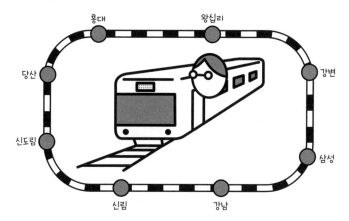

02 지방족 탄화수소

고리형 구조를 포함하지 않는 사슬형 구조의 탄화수소(=지방족 탄화수소)를 설명합니다. 유기 화합물의 기초입니다.

Point 탄화수소의 명명법

탄화수소는 다음과 같이 명명됨

알케인의 이름

숫자를 나타내는 단어(접두사)	
1	모노
2	디
3	트리
4	테트라
5	펜타
6	헥사
7	헵타
8	옥타
9	노나
10	데카

알케인의 이름		
CH_4	메테인	
C_2H_6	에테인	이 4가지는
C_3H_8	프로페인	관용적 이름임
C_4H_{10}	뷰테인	
C_5H_{12}	펜테인	
C_6H_{14}	헥세인	
C_7H_{16}	헵테인	
C_8H_{18}	옥테인	
C_9H_{20}	노네인	
$C_{10}H_{22}$	데케인	

알켄의 이름

기본적으로 알케인의 어미가 '엔'으로 바뀌지만, 관용적 이름도 사용됨

알케인의 이름	
CH_4	메테인
C_2H_6	에테인
C_3H_8	프로페인
C_4H_{10}	뷰테인
C_5H_{12}	펜테인

알켄 이름	
없음	
C_2H_4	에텐(에틸렌)
C_3H_6	프로펜(프로필렌)
C_4H_8	뷰텐
C_5H_{10}	펜텐

먼저 다음처럼 알케인의 끓는점과 융점을 정리해 보겠습니다.

CH_4	메테인
C_2H_6	에테인
C_3H_8	프로페인
C_4H_{10}	뷰테인
C_5H_{12}	펜테인
C_6H_{14}	헥세인
C_7H_{16}	헵테인
C_8H_{18}	옥테인
C_9H_{20}	노네인
$C_{10}H_{22}$	데케인

↑ 상온에서 기체

↓ 상온에서 액체

분자량이 큼 ⇒ 분자간 힘이 큼 ⇒ 끓는점·융점이 높음

지방족 탄화수소는 다양한 반응을 일으킵니다. 이때 다음 사항을 알면 반응을 쉽게 이해
할 수 있습니다.

• 단일 결합만을 갖는 알케인은 부가 반응을 일으키지 않고 치환 반응을 일으킴
• 이중 결합을 갖는 알켄, 삼중 결합을 갖는 알카인은 부가 반응을 일으킴

• 알케인의 반응

단일 결합만 있으므로 원자를 더 추가(부가)하는 것은 불가능함

$$H-\overset{\overset{H}{|}}{C}-\overset{\overset{H}{|}}{C}-H$$

수소 원자 H가 다른 원자로 대체되는 (치환) 반응이 일어남

• 알켄의 반응

$$H-\overset{\overset{H}{|}}{C}=\overset{\overset{H}{|}}{C}-H \Longrightarrow H-\overset{\overset{H}{|}}{C}-\overset{\overset{H}{|}}{C}-H$$

2개의 결합 중 하나는 끊어지기 쉬움

여기에 원자가 하나 더 추가됨

03 알코올과 에터

산소를 포함하는 지방족 화합물을 정리해 보겠습니다. 먼저 알코올과 에터입니다. 특히 알코올은 우리에게 친숙한 물질입니다.

Point 알코올과 에터는 구조 이성질체임

알코올과 에터는 같은 분자식으로 표현되지만 분자의 형태가 다르다는 관계가 있음. 이러한 관계를 구조 이성질체라고 함

구조 이성질체의 예

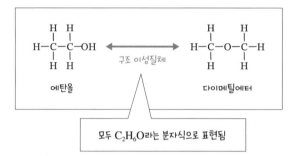

에탄올 ←구조 이성질체→ 다이메틸에터

모두 C_2H_6O라는 분자식으로 표현됨

분자식은 같지만 성질이 다르므로 이성질체라고 함. 알코올과 에터에는 다음 성질의 차이가 있음

알코올과 에터의 성질 비교

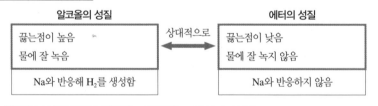

알코올의 성질		에터의 성질
끓는점이 높음 물에 잘 녹음	상대적으로	끓는점이 낮음 물에 잘 녹지 않음
Na와 반응해 H_2를 생성함		Na와 반응하지 않음

알코올과 에터의 성질

알코올에는 다음과 같은 성질이 있습니다.

- 중성
- 소듐(Na)과 반응해 수소(H_2)를 발생시킴

메탄올(CH_3-OH): $2CH_3-OH + 2Na \rightarrow 2CH_3-ONa + H_2$

- C가 적은 알코올일수록 물에 잘 녹음
- 메탄올에는 독성이 있지만, 에탄올에는 독성이 없음

알코올 중 가장 친숙한 것은 에탄올입니다. 술에 들어 있는 알코올도 소독에 사용하는 것도 에탄올입니다. 에탄올에는 온도에 따라 탈수 반응이 다르게 나타나는 특징도 있습니다. 온도가 낮을 때는 탈수되는 힘이 약해 에탄올 2분자에서 물 1분자를 얻습니다. 반면 온도가 높을 때는 탈수되는 힘이 강해 에탄올 1분자에서 물 1분자를 얻습니다.

- **130~140°C에서 반응할 때: 분자 사이에 탈수가 일어남**

- **160~170°C에서 반응할 때: 분자 안에 탈수가 일어남**

반대로 대표적인 에터인 다이메틸에터는 마취 작용과 인화성이 있습니다.

04 알데하이드와 케톤

알코올은 알데하이드와 케톤으로 변할 수 있습니다. 이들 물질의 성질도 중요합니다.

알데하이드와 케톤은 알코올의 산화로 생성됨

알코올에는 다음과 같은 종류가 있음

분류	구조식
1급 알코올	$\begin{matrix} \text{H} \\ \vert \\ \text{R}-\text{C}-\text{OH} \\ \vert \\ \text{H} \end{matrix}$ (R−는 H−도 가능함)
2급 알코올	$\begin{matrix} \text{R}' \\ \vert \\ \text{R}-\text{C}-\text{OH} \\ \vert \\ \text{H} \end{matrix}$
3급 알코올	$\begin{matrix} \text{R}' \\ \vert \\ \text{R}-\text{C}-\text{OH} \\ \vert \\ \text{R}'' \end{matrix}$

그리고 앞 알코올들이 산화되면 다음처럼 변화함

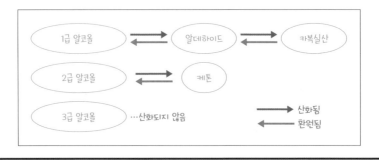

알데하이드의 성질

알데하이드는 다음 두 가지 반응을 일으킵니다. 이는 알데하이드에 **환원성**이 있기 때문입니다.

• 펠링 반응

펠링 용액(파란색)에 알데하이드를 넣고 가열하면 용액이 빨갛게 변합니다.

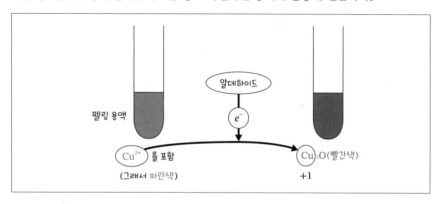

• 은거울 반응

암모니아성 질산 은 수용액에 알데하이드를 넣고 가열하면 은이 침전됩니다.

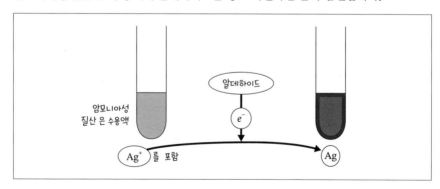

 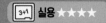
05 카복실산

알데하이드가 더 산화되면 카복실산이 됩니다. 어떤 성질이 있을까요?

> **Point**
>
> ## 카복실산은 알데하이드의 산화 때문에 생김
>
> 알데하이드가 더 산화되면 카복실산이 됨. 이때 분자에 포함된 탄소 C의 수는 변하지 않음. 이를 통해 어떤 알데하이드가 어떤 카복실산이 되는지 판단할 수 있음
>
> • 알데하이드 → 카복실산의 예
>
> | 탄소 C의 수 | 알데하이드 | | 카복실산 |
> |---|---|---|---|
> | 1 | 폼알데하이드 HCHO | 산화되면 프로피온산 | 폼산 $H-COOH$ |
> | 2 | 아세트알데하이드 CH_3CHO | | 아세트산 CH_3-COOH |
> | 3 | 프로피온알데하이드 C_2H_5CHO | | C_2H_5-COOH |

카복실산의 성질

카복실산의 산성 강도는 종류에 따라 차이가 있습니다. 다음처럼 카복실산의 분류와 함께 정리할 수 있습니다.

• **카복실산의 분류 ①**

카복실산은 C의 수에 따라 다음처럼 분류합니다.

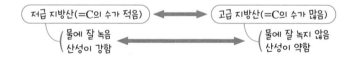

• 카복실산의 분류 ②

카복실산은 탄화수소 기 부분에 따라 다음 그림처럼 분류됩니다.

• 환원성이 있는 카복실산

다음 카복실산 2개는 환원성이 있습니다. 따라서 펠링 반응이나 은거울 반응을 일으킵니다.

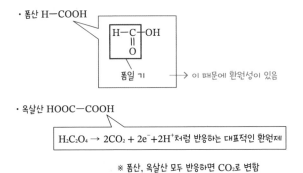

※ 폼산, 옥살산 모두 반응하면 CO_2로 변함

💻 **BUSINESS** 아세트산은 다양한 용도로 사용됨

아세트산은 식초에 3~5% 함유되어 있는 성분입니다. 또한 의약품과 염료의 원료가 되기도 합니다.

아세트산에는 물 분자가 제거된 아세트산 무수물도 있습니다. 아세트산 무수물은 아세테이트 섬유와 의약품의 원료가 됩니다.

06   에스터

카복실산과 알코올을 반응시키면 에스터가 생성됩니다. 에스터도 특유의 성질이 있습니다.

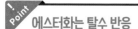 에스터화는 탈수 반응

카복실산과 알코올은 다음 반응을 일으킴

에스터화

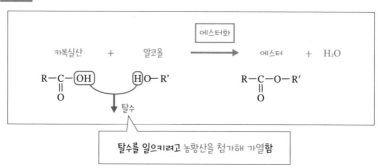

농황산에는 탈수 작용이 있음. 카복실산과 알코올 사이에서 물 분자를 빼내어 결합시키는 작용을 함. 이렇게 탈수해 결합하는 반응을 탈수 축합(Dehydration Reaction)이라고 함

에스터의 성질

에스터에 다량의 물을 넣고 방치하면 카복실산과 알코올로 분해됩니다. 이를 가수 분해라고 하며 에스터화의 역방향 반응으로 이해할 수 있습니다.

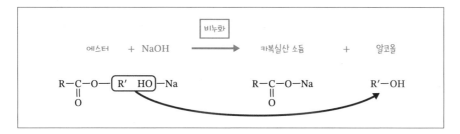

또한 에스터는 수산화 소듐(NaOH)과도 다음 그림과 같은 반응을 일으킵니다. 이 반응을 비누화라고 합니다.

에스터는 에스터로 합성된 카복실산과 알코올을 알 수 있도록 이름이 붙여져 있습니다.

예) CH_3COOH + C_2H_5OH → $CH_3COOC_2H_5$ + H_2O
아세트산   에탄올   아세트산 에틸

📖BUSINESS 에스터는 음료 및 과자류의 향료로 이용됨

에스터는 끓는점이 낮고 휘발성이 높은 물질입니다. 그리고 특유의 냄새가 있습니다. 에스터는 이러한 성질을 이용해 음료나 과자의 향료로 이용됩니다.

에스터는 원래 천연 식품의 냄새 성분이기도 합니다. 예를 들어 아세트산 에틸은 바나나, 파인애플, 딸기 등에 함유된 성분입니다.

07 유지와 비누

에스터의 비누화 반응은 비누를 만드는 반응입니다. 유지와 비누에는 의외의 관계가 있습니다.

Point 에스터화로 유지가 만들어짐

유지는 에스터화로 만들어짐. 단, 카복실산은 '고급 지방산', 알코올은 '글리세린'이어야 함

유지의 제조 방법(에스터화)

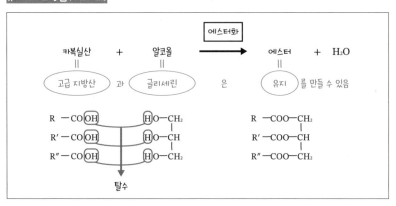

지방과 지방유

유지에는 상온에서 고체인 지방과 상온에서 액체인 지방유가 있음. 어느 쪽이 되느냐는 포화 지방산과 불포화 지방산 중 어느 쪽을 더 많이 함유하고 있느냐에 따라 결정됨

지방(상온에서 고체) = 포화 지방산을 많이 함유

지방유(상온에서 액체) = 불포화 지방산을 많이 함유

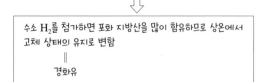

수소 H_2를 첨가하면 포화 지방산을 많이 함유하므로 상온에서 고체 상태의 유지로 변함
||
경화유

비누는 유지를 원료로 해 만들어짐

기름때를 제거하는 것이 비누이므로 비누는 기름과 무관한 것으로 만들 수 있다고 생각할 것입니다. 하지만 비누는 사실 유지(fat and oil)로 만들어집니다. 다음처럼 유지를 비누화하면 비누를 얻습니다.

• 비누의 제조 방법(비누화)

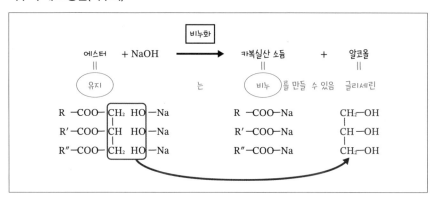

기름때를 제거하는 비누가 기름으로 만들어졌다는 것은 정말 의외입니다.

BUSINESS 비누가 기름때를 제거하는 작용

비누가 기름때를 제거하는 작용은 물건의 세척에 없어서는 안 될 중요한 기능입니다. 이는 비누의 유화 작용에서 비롯됩니다.

• 비누가 때를 제거하는 원리

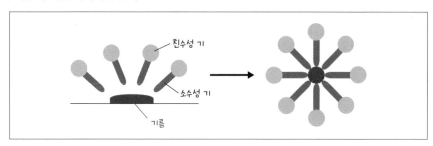

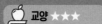 

08 방향족 탄화수소

지금까지 살펴본 지방족 탄화수소에 벤젠 고리를 갖는 물질을 방향족 탄화수소라고 합니다. 이 역시 우리 주변에서 많이 활용됩니다.

방향족 탄화수소에 포함된 벤젠 고리

벤젠 고리는 다음과 같은 구조이며, 다음과 같은 성질이 있음

벤젠의 구조

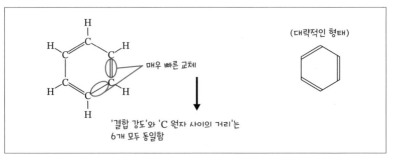

벤젠 고리의 C 사이의 결합은 '단일 결합'과 '이중 결합'의 중간 정도임

결합의 강도: 삼중 결합 > 이중 결합 > 벤젠의 결합 > 단일 결합

⇩ 결합이 강할수록 거리는 짧아짐

C 원자 사이의 거리: 삼중 결합 < 이중 결합 < 벤젠의 결합 < 단일 결합

벤젠의 성질

- 물보다 가볍고 물에 녹지 않음
- 인화성이 있음
- 유기 화합물을 잘 녹임

벤젠이 일으키는 반응

벤젠 고리의 C 사이의 결합은 안정적입니다. 따라서 벤젠은 부가 반응이 잘 일어나지 않는 물질입니다. 부가 반응을 하려면 C 사이의 결합이 일부 끊어져야 하기 때문입니다.

그러나 C 사이의 결합은 변하지 않아도 치환 반응은 일어날 수 있습니다. 벤젠은 다음과 같은 치환 반응을 하는 물질입니다.

• **할로젠화**

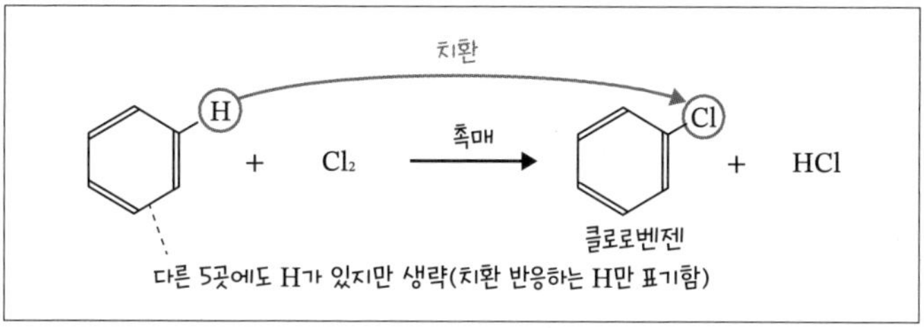

• **나이트로화**

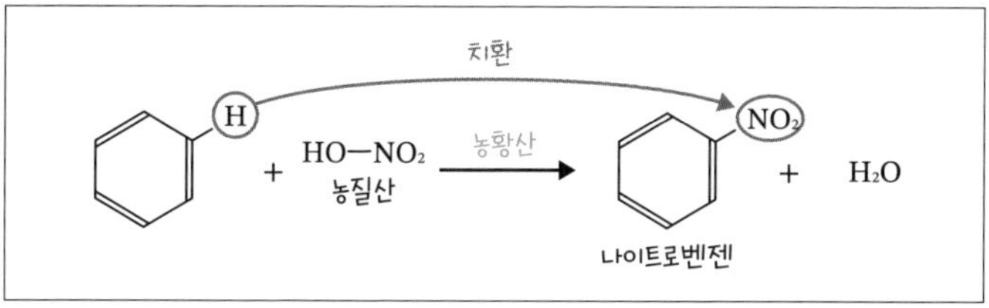

• **설폰화**

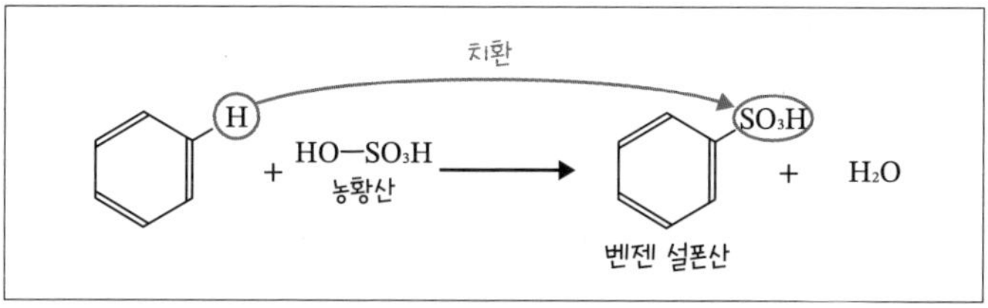

벤젠 고리는 부가 반응이 잘 일어나지 않지만, 촉매를 이용해 수소에 영향을 주거나 염소를 첨가하고 자외선을 쬐면 부가 반응을 일으킬 수 있습니다.

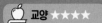

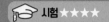

09 페놀류

페놀류 역시 벤젠 고리를 기본으로 합니다. 벤젠 고리의 수소 원자 H가 치환되어 페놀류가 탄생합니다.

페놀류의 성질

페놀류는 벤젠 고리의 수소 원자가 −OH로 치환된 형태의 물질임

페놀류의 구조

오쏘-크레졸(o - 크레졸)   메타-크레졸(m-크레졸)   파라-크레졸(p - 크레졸)

1 - 나프톨   2 - 나프톨

페놀류는 다음과 같은 성질이 있음

- 약산성
- 염화 철(Ⅲ)(FeCl₃)을 첨가하면 보라색을 나타냄
- 소듐(Na)을 첨가하면 수소(H₂)가 발생함

페놀류가 일으키는 반응

지금까지 −OH(또는 OH⁻)를 갖는 물질들이 몇 가지 있었습니다. 이러한 물질들의 산성, 중성, 염기성의 구분은 매우 헷갈리기 쉬우므로 다음처럼 정리해 두겠습니다.

수산화물(NaOH 등)	: 염기성
알코올(CH₃OH 등)	: 중성
페놀류([OH 구조] 등)	: (약) 산성

즉, 약산성인 페놀류는 다음 그림처럼 염기와 반응합니다.

$$\text{OH} + NaOH \longrightarrow \text{ONa (페놀산 소듐)} + H_2O$$

페놀류 중 가장 단순한 물질인 페놀은 다음 그림과 같은 세 가지 방법으로 제조됩니다.

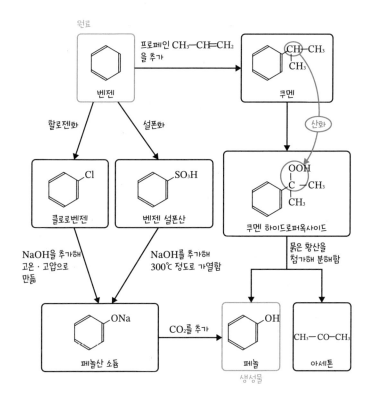

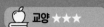 
10 방향족 카복실산 ①

방향족 카복실산도 벤젠 고리를 기본으로 합니다. 벤젠 고리의 수소 원자가 페놀류와
는 다른 것으로 치환되어 있습니다.

Point 방향족 카복실산의 특징

방향족 카복실산은 벤젠 고리의 수소 원자가 –COOH로 치환된 형태의 물질임.
대표적인 것은 다음과 같음

방향족 카복실산의 구조

```
        COOH                           OH
                                       COOH

    벤조산                          살리실산


        COOH           COOH                    COOH
        COOH                          HOOC

    프탈산            COOH
                    이소프탈산                 테레프탈산
```

방향족 카복실산은 산성을 나타냄. 그러나 강한 산성을 나타내지는 않음. 산성
의 정도는 아세트산과 같은 지방족 카복실산과 비슷함

산성의 강도 비교

세상에는 산성을 나타내는 물질이 많이 있습니다. 그럼 산성의 강도에는 어떤 차이가 있
을까요? 고등학교 화학에서 나오는 내용을 정리하면 다음과 같습니다.

• 산성의 강도 비교

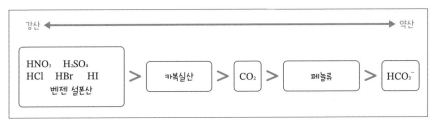

방향족 카복실산은 각각 다음과 같은 제조 방법으로 만들어집니다. $-CH_3$가 산화되면 $COOH$로 변한다는 것을 알면 이해하기 쉬울 것입니다.

• 벤조산의 제조 방법

톨루엔을 산화시킵니다.

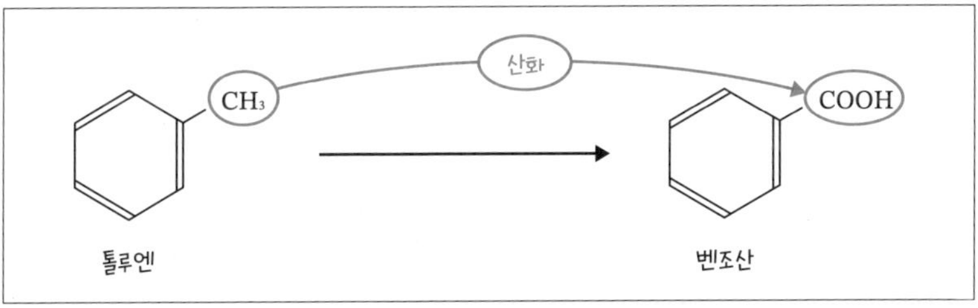

CH₃ —(산화)→ COOH

톨루엔 → 벤조산

벤질 알코올을 산화시킵니다.

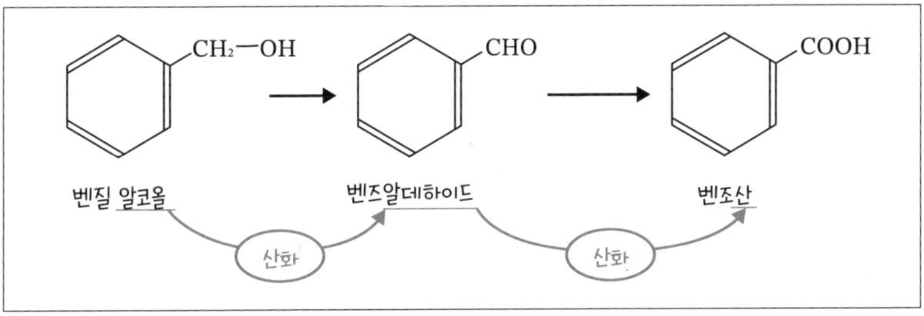

CH₂—OH → CHO → COOH

벤질 알코올 → (산화) → 벤즈알데하이드 → (산화) → 벤조산

• 살리실산의 제조 방법

페놀산 소듐을 대상으로 고온 · 고압 아래에서 이산화 탄소를 추가해 반응시킵니다.

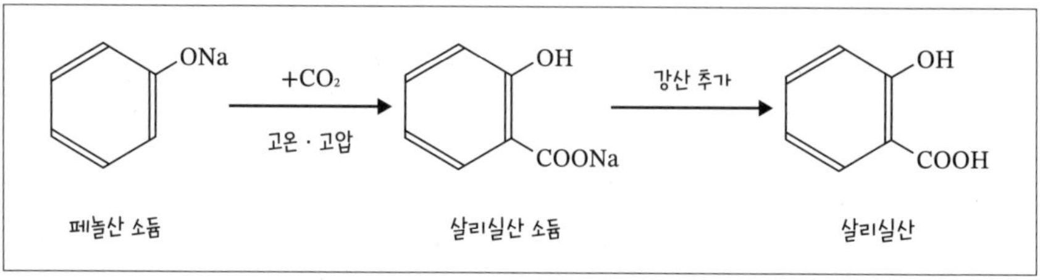

살리실산 제조 과정: 페놀산 소듐 → (+CO₂, 고온·고압) → 살리실산 소듐 → (강산 추가) → 살리실산

- **프탈산, 이소프탈산, 테레프탈산의 제조 방법**

자일렌을 산화시킵니다.

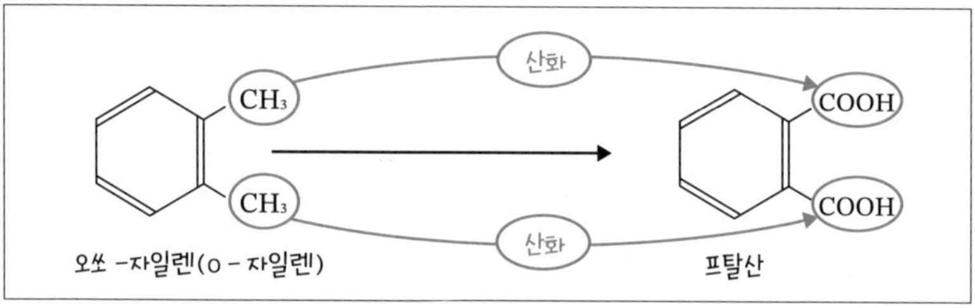

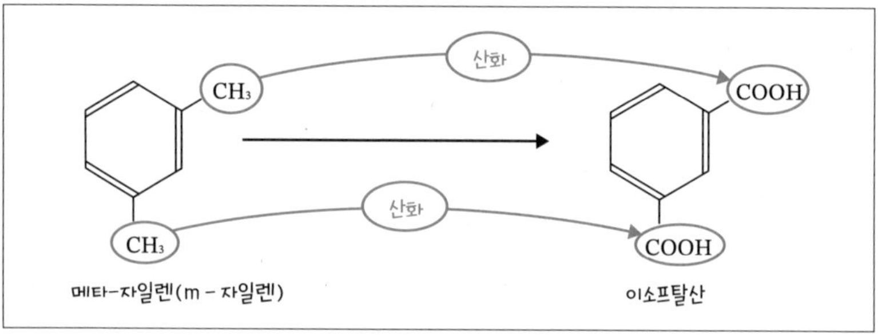

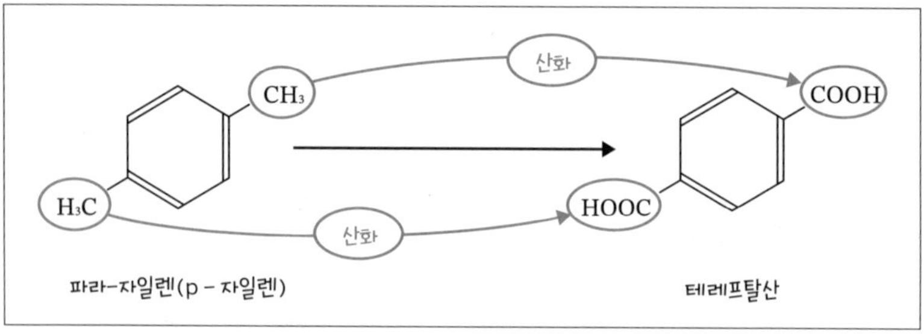

오쏘 -자일렌(o - 자일렌) → (산화) → 프탈산

메타-자일렌(m - 자일렌) → (산화) → 이소프탈산

파라-자일렌(p - 자일렌) → (산화) → 테레프탈산

• 프탈산 무수물의 제조 방법

나프탈렌을 산화 바나듐(V)(V_2O_5)(=촉매)의 존재 아래 공기 중에서 산화시킵니다.

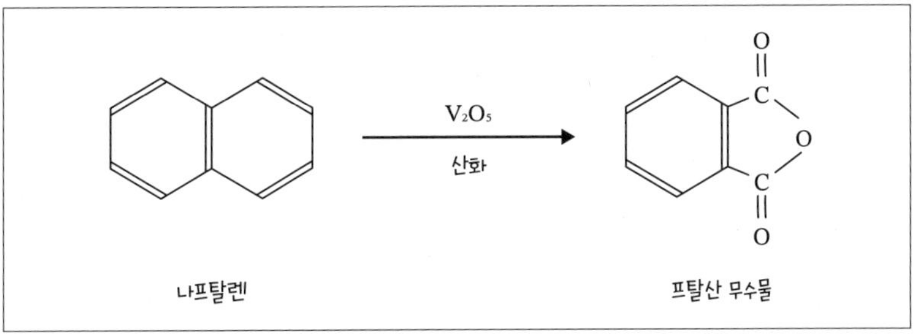

나프탈렌 → 프탈산 무수물

이 반응을 이해하려면 $-CH_3$라는 부분(메틸 기)이 산화되면 $-COOH$(카복실 기)가 된다는 점을 알아야 합니다. 산화 반응에서는 'H'가 빠지고 'O'가 붙으므로 이렇게 되는 것입니다.

BUSINESS 식품의 방부제로 사용되는 물질

벤조산은 식품의 방부제로 사용되는 물질입니다. 또한 염료, 의약품, 향료의 원료로도 중요합니다.

프탈산은 프탈산 무수물로 합성 수지, 염료, 의약품 등의 원료가 됩니다. 테레프탈산과 살리실산도 중요한 방향족 카복실산입니다. 이들은 다음 절에서 설명하겠습니다.

11 방향족 카복실산 ②

방향족 카복실산 중 테레프탈산과 살리실산의 성질과 용도를 정리해 보겠습니다. 두 가지 모두 우리 생활에 없어서는 안 될 중요한 물질입니다.

Point 1. 테레프탈산의 반응

테레프탈산은 다음 그림처럼 에틸렌 글라이콜과 결합함

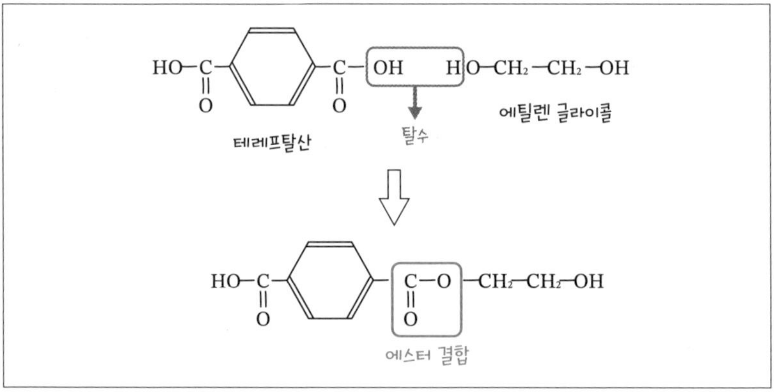

이때 발생하는 것이 에스터 결합임. 에스터 결합이 많이 반복되어 생기는 물질은 폴리에스터라고 하며 우리 생활에 없어서는 안 될 존재임

살리실산은 의약품의 원천

다수의 테레프탈산과 에틸렌 글라이콜이 교대로 에스터 결합을 반복하면 다음 그림처럼 폴리에틸렌 테레프탈레이트가 생성됩니다. '폴리'는 '다수'라는 뜻입니다. 즉, '폴리○○'라는 물질은 모두 '○○이 많이 붙어 있는 것'이라는 뜻입니다.

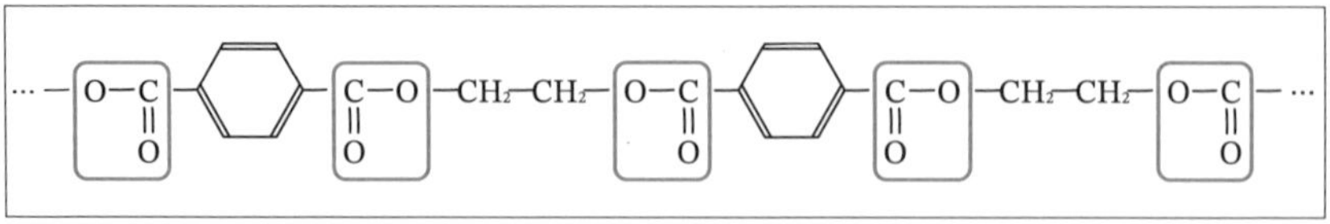

폴리에틸렌 테레프탈레이트는 폴리에스터의 일종으로 PET(Poly Ethylene Terephthalate) 병의 원료 등으로 활용되는 물질입니다.

다음으로 살리실산의 성질을 설명해 보겠습니다. 살리실산에는 카복실 기 −COOH와 하이드록시 기(수산 기) −OH가 모두 있으므로 카복실산의 성질과 페놀류의 성질이 모두 있습니다. 살리실산의 −COOH는 −OH를 갖는 알코올과 반응하며, −OH는 −COOH를 갖는 카복실산과 반응합니다.

• 살리실산의 두 가지 반응

알코올과의 반응: 에스터화

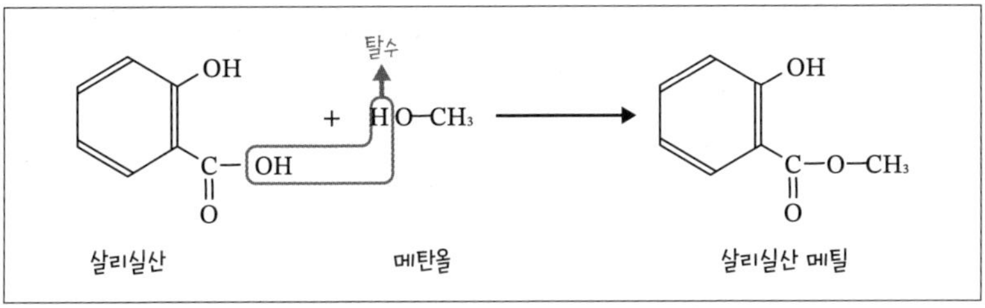

카복실산과의 반응: 아세틸화

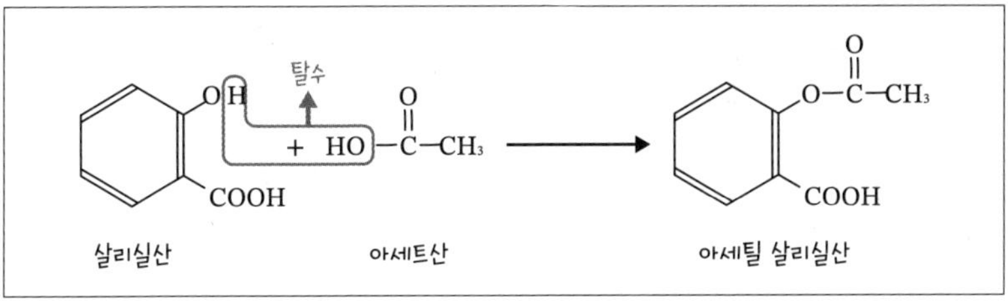

12 유기 화합물의 분리

유기 화합물의 혼합물을 하나씩 분리하는 방법을 설명합니다.

유기 화합물은 에터층, 소금은 수층에 녹음

유기 화합물의 분리는 분별 깔때기를 사용해 다음처럼 에터층과 수층으로 분리함

방향족 화합물 분리 방법

분별 깔때기에 에터층(에터 용액)과 수층(수용액)이 혼합
되면 오른쪽 그림처럼 에터층이 위로, 수층이 아래로 분
리됨(에터는 기름의 일종으로 물보다 가벼움)

방향족 화합물의 혼합물을 이 안에 녹이면 방향족 화합물
은 모두 에터층에 녹음(방향족 화합물은 기름의 동료이므
로 에터에 녹음. 방향족 화합물뿐만 아니라 유기 화합물
은 대부분 기름의 동료이므로 에터에 잘 녹고 물에는 잘 녹지 않음)

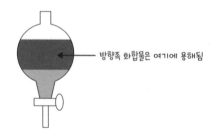

그러나 방향족 화합물이 중화 반응을 일으켜 염이 되면 물속에서 전리되어 수
층에 용해되고, 에터층에는 잘 녹지 않음

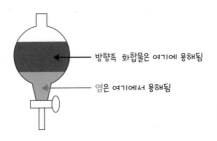

방향족 화합물은 여기에 용해됨

염은 여기에서 용해됨

수도꼭지를 열어 수층만 꺼내면 염으로 변한 것만을 분리할 수 있음. 이러한 방법을 이용해 방향족 화합물을 분리할 수 있음

유기 화합물 분리의 구체적 예

여기서는 아닐린, 벤조산, 페놀, 나이트로벤젠의 혼합물을 녹인 에터 용액에서 각 혼합물을 분리하는 방법을 생각해 보겠습니다.

먼저 염산을 넣습니다. 그러면 염기인 아닐린만 반응해 염이 됩니다. 그리고 염만 수층에 녹아듭니다. 이어서 에터층에 탄산수소 소듐 수용액을 넣습니다. 그러면 이산화 탄소가 방출됨과 동시에 이산화 탄소보다 강한 산인 벤조산이 염이 됩니다. 그리고 이것도 수층으로 이동합니다. 그리고 에터층에 수산화소듐 수용액을 넣습니다. 남은 두 가지 중 산성을 나타내는 페놀만 반응해 역시 염이 되어 수층으로 이동합니다. 나이트로벤젠만 어떤 조작에서도 반응하지 않으므로 에터층에 남습니다.

수층과 에터층으로 나눈다는 관점을 두면 유기 화합물의 분리는 매우 쉽게 이해할 수 있습니다.

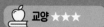
13 질소를 포함한 방향족 화합물

방향족에는 질소 원자가 포함된 것도 있습니다. 질소 원자의 존재 때문에 특이한 반응을 보입니다.

Point 1 아닐린과 나이트로벤젠의 성질

벤젠의 H가 아미노 기 $-NH_2$로 치환된 것이 아닐린, 나이트로 기 $-NO_2$로 치환된 것이 나이트로벤젠임. 겉모습은 비슷하지만 성질은 전혀 다름. 두 물질의 성질을 비교해 정리하면 다음과 같음

아닐린과 나이트로벤젠의 성질

아닐린

$-NH_2$

· 약염기성임
· 표백제를 첨가하면 보라색을 띰
· 다이크로뮴산 포타슘으로 산화되면 검은색 물질
  (아닐린 블랙)이 됨

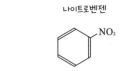

나이트로벤젠

$-NO_2$

· 중성임
· 특유의 냄새가 남
· 옅은 노란색의 액체임
· 물보다 밀도가 높음(물에 가라앉음)

아닐린과 나이트로벤젠의 관계

아닐린과 나이트로벤젠 사이에는 나이트로벤젠을 환원하면 아닐린을 얻을 수 있다는 관계가 있습니다. 이는 아닐린의 제조 방법으로 중요합니다.

• 아닐린의 제조 방법(나이트로벤젠의 환원)

주석(or 철)과 염산을 넣고 가열합니다.

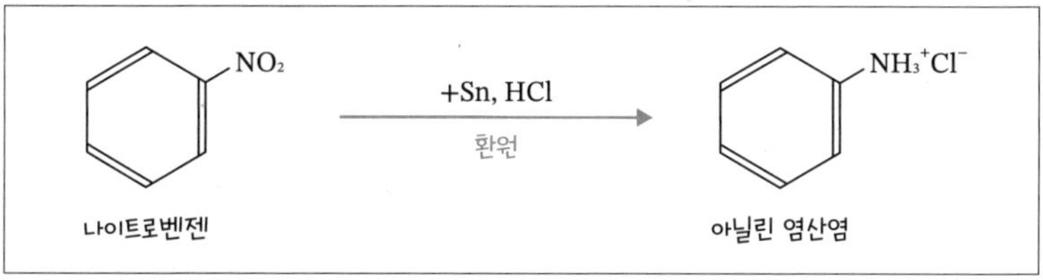

나이트로벤젠 → +Sn, HCl (환원) → 아닐린 염산염

Sn과 HCl 때문에 환원되면 나이트로벤젠은 아닐린이 됨
그러나 염기인 아닐린은 HCl과 즉시 중화 반응을 일으킴

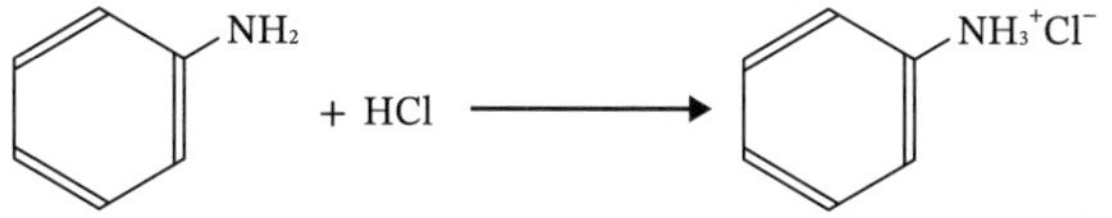

NH₂ + HCl → NH₃⁺Cl⁻

약염기인 아닐린을 유리시키려고, 강염기인 NaOH를 첨가함

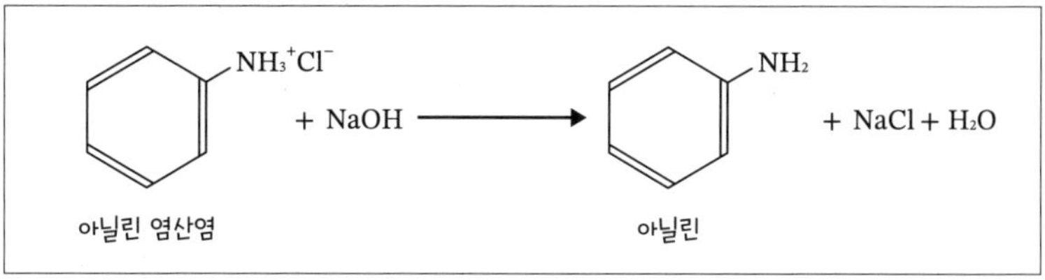

아닐린 염산염 (NH₃⁺Cl⁻) + NaOH → 아닐린 (NH₂) + NaCl + H₂O

유기 화합물(기름의 종류 중 하나)은 일반적으로 물에 잘 녹지 않는 성질이 있습니다. 아닐린도 물에 잘 녹지 않는 물질입니다. 이를 추출하려면 아닐린 염산염으로 만들어야 합니다. 그래야 물속에서 전리되어 물에 쉽게 녹을 수 있기 때문입니다.

그리고 아닐린 염산염 수용액에 NaOH를 넣으면 기름 같은 아닐린이 생깁니다. 기름이므로 물에 뜹니다. 이를 꺼내려면 에터를 넣으면 됩니다(기름의 동료인 아닐린은 에터에 녹으므로 추출할 수 있습니다).

Chapter 7

화학변 – 유기 화학

285

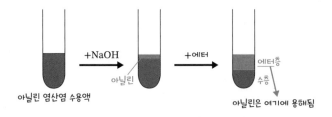

아닐린 염산염 수용액 → +NaOH → 아닐린 → +에터 → 에터층 / 수층 / 아닐린은 여기에 용해됨

아조 염료의 합성

아닐린의 또 다른 중요 반응은 아조 염료의 합성입니다. 아조 염료는 다이아조화와 다이아조 짝지음이라는 두 가지 과정을 거쳐 합성됩니다.

• 아조 염료의 합성

다이아조화: 저온에서 아닐린에 아질산 소듐($NaNO_2$)과 염산(HCl)을 첨가함

$$NH_2 \quad + NaNO_2 + 2HCl \longrightarrow N^+ \equiv NCl^- \quad + NaCl + 2H_2O$$

아닐린   염화 벤젠다이아조늄

$R-N^+ \equiv NX^-$ (R: 탄화수소 기, X^-: 1가 음이온)의 구조인 것을 다이아조늄 염이라고 하며, 다이아조늄 염을 얻는 반응을 다이아조화라고 함

다이아조 짝지음: 염화 벤젠다이아조늄을 페놀산 소듐과 반응시킴

$$N^+ \equiv NCl^- \quad + \quad ONa \longrightarrow \quad N=N \quad OH + NaCl$$

아조 기

페놀산 소듐   파라-하이드록시아조벤젠(p – 하이드록시아조벤젠)

※ 벤젠 고리 2개가 결합하는 반응이므로 짝지음이라고 함

아조 기 $-N=N-$를 갖는 화합물을 아조 화합물(azo compound)이라고 합니다. 아조 기에는 발색 작용이 있으므로 아조 화합물은 염료(아조 염료)나 안료(아조 안료)로 이용됩니다. 앞 그림에서 소개한 p-하이드록시아조벤젠은 등적색 염료입니다.

찾아보기

289